TRAITÉ

DES

POIDS ET MESURES.

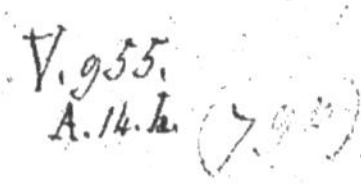

TRAITÉ

DES POIDS ET MESURES MÉTRIQUES,

SIMPLIFIÉ ET MIS EN RAPPORT AVEC LES ANCIENS POIDS
ET MESURES LOCALES DES CANTONS DE

Tardets, Mauléon, Saint-Palais, Iholdy, Saint-Jean-Pied-de-Port,
Bayonne, Hasparren, Saint-Étienne de Baïgorry, Espelette,
Ustarits, Saint-Jean-de-Luz, Bidache et Labastide-Clairance,
avec l'application de l'arithmétique, et mise à la portée de
tout le monde;

PAR M.ʳ LARRONDE,

Élève de l'école normale à Paris, instituteur à Tardets.

PRIX : 2 FRANCS.

À BAYONNE,

DE L'IMPRIMERIE DE LA VEUVE CLUZEAU, RUE DE L'ÉVÊCHÉ, N.º 4.

1833.

Les formalités prescrites par la loi ont été remplies : je regarderai comme contrefait tout exemplaire qui ne sera pas signé par moi.

AVERTISSEMENT.

Les poids et mesures métriques étant exigés par la loi,
doivent être mis en usage dans toute l'étendue du Royaume, c'est-à-dire dans les lieux les plus reculés de la
Capitale; non seulement les hommes de loi, les négociants, mais les chefs de famille et l'artisan doivent les
mettre en pratique. Cette pratique ou connaissance qui
paraît assez difficile surtout pour cette dernière classe,
dans un pays où elle fait peu d'usage de la langue fran-
çaise, ne pourrait être propagée que par un ouvrage
simple et clair et mis à la portée de quiconque aura
reçu la moindre éducation, afin d'être compris par tous
ceux qui désireraient ou auraient besoin d'en faire usage.
Il est généralement connu combien d'avantages offre le
calcul décimal aux personnes comptables et occupées
dans les affaires : mêmes avantages, mêmes facilités se
trouvent dans le système métrique des poids et mesures.
Toute la difficulté que l'on pourrait peut-être y trouver
ce serait sans doute dans quelques noms qui paraîtraient
d'abord étrangers : tels que myria 10,000, kilo, 1000,
hecto 100, deca 10, etc. Mais ces noms, quoique venus
de la langue grecque, ne changent rien dans les nombres,
et ils correspondent exactement aux nombres cardinaux qui
les suivent et qui seront amplement expliqués. De même
que le calcul décimal est préférable à l'ancienne méthode
de calculer, en ce que dans celui-là les fractions natu-
rellement arrangées se trouvent toutes désignées par le

AVERTISSEMENT.

point décimal, et déterminées par la même opération ; tandis que dans celle-ci les fractions détachées des entiers demandent des opérations différentes avec beaucoup plus de tems et de connaissance. Je dis connaissance pour ce qui regarde la définition des fractions qui n'est pas familière à tout le monde, et surtout à la classe industrielle. Le système métrique des poids et mesures devant donc être employé non seulement de rigueur, mais de préférence, on ne saurait assez le propager dans ce pays, et le mettre en rapport avec l'ancien système des poids et mesures locales, différentes à chaque canton.

Depuis douze ans, occupé dans le pays basque, travaillant à l'enseignement, j'ai connu la nécessité d'un traité des poids et mesures métriques, et mesures locales mises en rapport; c'est ce qui m'a engagé, à la sollicitation de quelques amis, à entreprendre cet ouvrage, traitant les mesures en général, divisées en six classes.; savoir : mesures linéaires, de superficie, de solidité, de capacité, de pesanteur et du système monétaire : le tout mis en rapport avec les anciens poids et mesures des cantons de Tardets, de Mauléon, de Saint-Palais, d'Iholdy, de Saint-Jean-Pied-de-Port, de Bayonne, de Hasparren, de Saint-Étienne de Baïgorry, d'Espelette, d'Ustarits, de Saint-Jean-de-Luz, de Bidache et de Labastide-Clairance, avec l'application de l'arithmétique dans différentes opérations par les moyens les plus faciles. J'ai cherché par-là à me rendre utile au public, et principalement au pays basque : je serais infiniment flatté d'avoir acquis quelques droits à l'estime de mes concitoyens, en leur offrant mon petit ouvrage comme une preuve de mon amour pour ce pays qui m'a vu naître.

DES MESURES EN GÉNÉRAL.

Les mesures en général, considérées comme des unités fonda-
mentales, ou regardées comme des instruments d'une grandeur
invariable, se divisent en cinq classes, non compris le monétaire; savoir:

    1.° Mesures de longueur;
    2.° Mesures de superficie ou carrées;
    3.° Mesures de solidité ou cubiques;
    4.° Mesures de capacité ou de contenance;
    5.° Mesures de pesanteur ou poids.

Les mesures de longueur servent à déterminer la hauteur,
la largeur, la profondeur; par exemple la hauteur d'un mur,
celle d'un clocher, la largeur d'un corridor, celle d'une place,
la profondeur d'un fossé, ou bien la distance de deux villes;
mais dans ce dernier cas, les mesures s'appellent *mesures itinéraires*, ce qui veut dire *mesures de chemin*.

Les mesures de superficie ou de surface servent à déterminer
l'étendue superficielle d'un terrain, d'une salle à manger, d'un
plancher, etc. Ces mesures s'appellent aussi *carrées*, parce que
le mesurage de la superficie consiste à chercher combien de
fois la mesure ou le carré pris pour l'unité est contenu dans
la superficie dont il s'agit.

Les mesures qui ont pour objet l'étendue superficielle des
terrains, se distinguent sous le nom de *mesures agraires*.

Celles qui sont employées à désigner l'étendue d'un grand
territoire, d'un département, d'une province, d'un royaume,
prennent le nom de *mesures géographiques*.

Les mesures de solidité ou de volume servent aussi à déterminer la solidité des corps, d'une masse de pierre, d'un volume d'eau, de grains, d'une pièce de bois, etc.

Le mesurage de la solidité ou du volume des corps solides s'appelle *cubature;* parce qu'il consiste à comparer ces corps à des cubes dont la grandeur est connue.

Les mesures de capacité ou de contenance servent à déterminer la contenance de vases, de quelque forme et grandeur qu'ils soient. Il y a deux sortes de mesures de capacité, les unes destinées au mesurage des grains et autres matières sèches, les autres spécialement réservées pour le mesurage des liquides.

Les mesures de pesanteur, désignées sous le nom de poids, sont celles qu'on emploie à déterminer la pesanteur du volume des corps. Ce sont des masses de matière, et le plus ordinairement de métal, dont la pesanteur est connue, et auxquelles on compare, par le moyen des balances, les choses dont on veut connaître la pesanteur.

Le franc, nouvelle unité monétaire, est une pièce d'argent qui pèse cinq grammes, mais dans laquelle il y a un dixième d'alliage; il se divise en 10 *décimes,* et le décime en 10 *centimes :* le franc a donc 100 centimes.

DES MESURES DE LONGUEUR.

Le mètre, type générateur de toutes les nouvelles mesures, et dix millionième partie du quart du méridien terrestre, est une ligne de la longueur d'une demi-toise; elle répond à 3 pieds 0 pouces, 11 lignes, 30 centièmes : 27 pièces de 5 fr., placées bout à bout sur une même ligne, donnent précisément la longueur du mètre : 8 de ces pièces, ainsi rangées, font à peu près 3 décimètres. Le mètre remplace les unités de longueur, tels que l'aune, la toise; le pied, et ses sous-multiples remplacent les petites espèces des unités des anciennes mesures.

Les nouvelles mesures sont liées entr'elles ; de sorte que la connaissance de l'une entraîne celle des autres. Ainsi, une fois qu'on a la longueur du mètre, on peut trouver la largeur et la profondeur des objets de toutes les grandeurs.

Le mètre, unité pour les longueurs, divisé en dix parties, donne le *décimètre* ou dixième de mètre. Le décimètre, divisé en dix parties, donne le *centimètre*, ce qui veut dire centième de mètre ; lequel, divisé à son tour en dix autres parties, donne le *millimètre* ou millième de mètre, qui est la plus petite mesure des longueurs, et répond à environ une demi-ligne ancienne.

Le mètre, multiplié au contraire par 10, produit le *décamètre*, mesure de dix mètres, très-propre à former une chaîne d'arpenteur pour le mesurage des terrains.

Multiplié par cent, le mètre produit l'*hectomètre*, mesure de cent mètres, qui ne peut guère servir qu'à exprimer la longueur d'une allée, celle d'un parc, d'un mur ou d'un fossé.

Le mètre, multiplié par 1,000, produit le *kilomètre*, mesure de mille mètres, qui équivaut à 500 et quelques toises, ou un petit quart de lieue.

Enfin, multiplié par 10,000, le mètre donne le *myriamètre*, mesure de dix mille mètres, qui revient à environ deux lieues moyennes anciennes, ou la distance d'une poste.

Ainsi, toutes les mesures de longueur partent du mètre ; dont les mesures inférieures sont des fractions décimales, et les supérieures des multiples décimaux, de manière que

un myriamètre contient 10 kilomètres,
un kilomètre . . . . 10 hectomètres,
un hectomètre . . . . 10 décamètres,
un décamètre . . . . 10 mètres,
un mètre . . . . 10 décimètres,
un décimètre . . . . 10 centimètres,
un centimètre. . . . . 10 millimètres ;

d'où il résulte que le mètre est composé de dix décimètres, cent centimètres, ou mille millimètres.

La connaissance des instruments étant indispensable pour l'application du calcul, il en sera fait mention dans chaque classe.

DES MESURES DE LONGUEUR CONSIDÉRÉES COMME INSTRUMENTS, ET DE LEUR FORME.

Le décamètre (perche linéaire) est une chaîne de dix mètres de longueur, qui doit être employé en remplacement de la toise et de la perche de l'arpenteur, pour le mesurage des terrains et des chemins.

Cette chaîne est formée par des chaînons d'un, de deux ou de cinq décimètres de longueur, du centre d'un des anneaux qui les lient au centre de l'anneau suivant.

Ces anneaux sont en fer, à l'exception de ceux qui marquent la longueur d'un mètre, qui sont en cuivre ; de manière que, si la quantité que l'on mesure est moindre qu'un décamètre, il suffit de compter les anneaux de cuivre et les chaînons pour savoir combien on doit porter de mètres et de décimètres.

On peut se servir du *double décamètre* qui expédie plus vîte, ou bien du *demi-décamètre* qui est plus portatif.

Le mètre simple ou brisé remplace les aunes de toutes sortes et autres mesures analogues pour le mesurage des étoffes. C'est, dans ce cas, une règle de bois de deux centimètres d'équarrissage, garnie à chaque extrémité d'un fer en étrier, et divisé dans toute sa longueur en centimètres marqués de dix en dix.

Le mètre remplace aussi la toise, la canne et toutes les autres mesures analogues pour le mesurage des bâtimens, des ouvrages d'arts et tout ce qui s'appelle le toisé. C'est alors une règle plate, ou un bâton rond, garni en fer à ses bouts.

Le *double mètre* simple ou brisé ne diffère presque pas de l'ancienne toise de Paris et de la canne des pays méridionaux. Il peut être employé pour accélérer le mesurage dans tous les cas où l'on se servait de la toise (1). C'est une sorte de verge en bois, d'une seule pièce ou de deux pièces réunies par une virole en cuivre, et garnies en fer à chaque extrémité.

Le *demi-mètre* simple ou brisé est un instrument à l'usage des marchands ambulants, des charpentiers, menuisiers, serruriers, en remplacement du pied ou autres mesures analogues ; d'une pièce, c'est une règle divisée en centimètres et même en millimètres ; brisé, c'est un instrument composé de deux règles réunies par une charnière, comme les anciens pieds.

Le *décimètre* (palme), simple ou double, sur lequel sont tracés les *centimètres* (doigts) et les millimètres (traits), forme une mesure de poche très-commode, en remplacement du pied, pour tous les cas où l'on a besoin de mesurer des petites quantités.

Les mesures qui ont été en usage en France jusqu'au système métrique, se divisaient de différentes manières. Il résultait de-là que dans les calculs relatifs aux mesures, on était sans cesse obligé d'opérer sur des nombres complexes (2), ce qui fesait de ce calcul une science qui n'était à la portée que de peu de personnes.

C'est donc un service bien important que les fondateurs du nouveau système métrique ont rendu au public, en assujettissant les nouvelles mesures à la division décimale ; puisque par-là ils ont affranchi le calcul de toutes les difficultés qui le rendaient embarrassant et fastidieux pour ceux qui en sont instruits, et impraticable pour le plus grand nombre.

---

(1) La toise a 6 pieds.

(2) On appelle ainsi les nombres composés de différentes sortes d'unités, tels que 18 pieds 7 pouces 8 lignes ; 12 livres 4 onces 3 gros, etc. Leur calcul était sujet à des difficultés particulières qui n'ont pas lieu dans le nouveau système.

Il résulte, en effet, de l'application du calcul décimal aux nouvelles mesures, que toutes les opérations qui y sont relatives se réduisent à de calculs de nombres simples, ce qui produit une grande économie de tems et de peine.

Quant au calcul décimal lui-même, il n'est qu'une extension des règles ordinaires de l'arithmétique ; en sorte que ceux qui savent pratiquer ces règles pour les nombres entiers seulement, savent tout ce qu'il faut pour exécuter les opérations du calcul relatives aux nouvelles mesures. On s'en convaincra aisément par les détails qui suivent.

DU CALCUL DÉCIMAL.

On sait que les chiffres qui servent à notre numération ont une valeur, dix fois, cent fois, mille fois, dix mille fois, etc., plus grande ou plus petite, à mesure qu'ils s'éloignent d'une ou de plusieurs places vers la gauche ou vers la droite ; en sorte que chaque chiffre exprime des unités dix fois plus grandes que celui qui le suit immédiatement, en allant de gauche à droite ; et conséquemment, dix fois plus petites que celui qui le précède.

Ainsi, dans cette suite de chiffres 25692, le chiffre 2 exprime 2 unités : par exemple 2 francs ; le chiffre 9 qui le précède immédiatement exprimera 9 dixaines de francs ; le chiffre précédent 6, exprimera 6 centaines ; le chiffre 5, exprimera 5 mille ; et, enfin, le chiffre 2 deux dixaines de mille.

Il résulte de-là que si, en suivant la même marche, après le chiffre 2 qui marque des unités simples des francs dans la première colonne, on place un autre chiffre : par exemple un 8, ce dernier chiffre exprimera des unités dix fois plus petites que l'unité simple ; mais des unités plus petites que l'unité simple sont des dixièmes de cette unité : le chiffre 8 exprimera donc des dixièmes de franc.

Si, après ce dernier chiffre 8, qui représente des dixièmes, on en écrit un autre : par exemple un 5, celui-ci exprimera des unités dix fois plus petites que les précédentes ; mais des unités dix fois plus petites que des dixièmes sont des centièmes : ce chiffre 5 exprimera donc 5 centièmes de franc.

Enfin, si après ce chiffre 5 nous en écrivons un autre, soit un 7, celui-ci, marquant des unités dix fois plus petites que les centièmes, exprimera des millièmes, et ainsi de suite.

En sorte que, si au nombre que nous avons posé plus haut 25692, et que nous avons supposé représenter des francs, nous ajoutons les trois autres chiffres 857, ces trois derniers chiffres exprimeront huit dixièmes, cinq centièmes, et sept millièmes de franc.

Mais, de même que pour énoncer 25692 l'on ne dirait pas deux dixaines de mille, cinq mille, six centaines, neuf dixaines, et deux unités, mais bien vingt-cinq mille six cent quatre-vingt douze francs ; on ne dira pas non plus, pour les trois chiffres ajoutés 857, huit dixièmes, cinq centièmes et sept millièmes de franc, mais huit cent cinquante-sept millièmes.

C'est sur cela qu'est fondé le calcul décimal. Il consiste à n'admettre aucune autre division de l'unité que celle qui se fait par dix, et à exprimer les fractions qui résultent de cette division par les nombres sur lesquels on opère comme sur les nombres entiers ; puisque les chiffres qui les expriment ont entr'eux des rapports absolument semblables.

Ce qui est à observer c'est de marquer exactement la place des unités, afin qu'on sache où commencent les fractions.

On est dans l'usage d'indiquer la place des unités par une virgule ou un point, placé à la suite du chiffre qui les exprime : le point est préférable à la virgule, qui est communément employée pour partager les nombres composés de plusieurs chiffres en tranches de trois chiffres, et en faciliter la numération. Ce point est appelé point décimal, et les nombres qui seront à la gauche de ce signe, se nommeront *entiers ;* ceux qui seront à

sa droite, se nommeront *chiffres décimaux, fractions décima-*
les ou simplement *décimales.* Un nombre est entier, lorsqu'il
est sans fractions ; il est fractionnaire, lorsqu'il est accompagné
de fraction. Le nombre 420, n'étant suivi d'aucune fraction, est
un nombre entier : le nombre 84. 345, est un nombre fractionnaire, parce qu'il contient des décimales ; il signifie 84 entiers
et 345 millièmes : 4. 7185 est un autre nombre fractionnaire
qui contient quatre décimales, et signifie 4 entiers et sept mille
cent quatre-vingt-cinq *dix millièmes.*

La place des unités déterminant la valeur des chiffres posés
à droite ou à gauche, il est indispensable de marquer par un
zéro la place des unités, quand même il n'y en aurait pas ;
ainsi, pour exprimer vingt-cinq *centièmes,* nous marquerons par
un zéro la place des unités : nous écrirons o. 25.

Il faut de même marquer par un zéro les places qui ne sont
point occupées par des chiffres significatifs : ainsi le nombre
506. 07, exprimera cinq cent six entiers et sept *centièmes ;* le
nombre o. 0005, exprimera o d'entiers et cinq dix millièmes,
ou simplement cinq dix millièmes. Comme il est difficile de
trouver la valeur de 4, 5 et 6 décimales, pour ne pas dire
impossible, on fait la suppression d'un certain nombre de chiffres pour simplifier le calcul. Par exemple : le nombre 3. 500,
qui s'exprime 3 entiers cinq cents millièmes, est la même chose
que 3, 5, qui s'exprime 3 entiers et cinq dixièmes : il suit de-
là que l'on peut, sans inconvénient, ajouter à une fraction décimale, ou en retrancher autant de zéros que l'on voudra, sans
altérer en rien sa valeur : il sera expliqué par la suite quels
sont les cas où il convient de faire ces changements.

On voit qu'il n'y a dans tout ceci rien qui ne soit déjà connu
d'un homme qui sait les premiers élémens de l'arithmétique, ou
qu'il n'en soit déduit immédiatement. Quelques exemples suffi-
ront pour convaincre de la simplification de tous les calculs
relatifs aux nouvelles mesures.

DE L'ADDITION.

L'addition des nombres dans lesquels il y a des fractions décimales, se fait comme si les nombres étaient entiers, et sans avoir
égard au point décimal ; on doit observer seulement de mettre
les unités du même ordre les uns sous les autres dans une même
colonne : il est bon aussi de remplir par des zéros les places
vides des nombres qui ont moins de décimales que les autres.

EXEMPLE.

On propose d'additionner les nombres suivants : 47. 963,
213. 0403, o. 01944 et 7347.

Placez ces nombres les uns sous les autres, comme on le voit
ici, et remplissez par des zéros les places vides, afin que tous
les nombres aient la même quantité de chiffres décimaux.

$$
\begin{array}{r}
47.\ 96300 \\
213.\ 04030 \\
0.\ 01944 \\
7347.\ 00000 \\
\hline
\end{array}
$$

Après avoir opéré comme si ces
nombres étaient entiers, c'est-à-dire,
sans faire attention au point décimal.

Vous trouverez pour total...... 7608. 02274
ou bien, en supprimant les deux
dernières décimales.......... 7608. 023.

Nota. On peut réduire les décimales à un petit nombre, toutes les
fois que l'on n'a pas besoin d'une exactitude rigoureuse, toutefois
en augmentant le dernier chiffre d'une unité, si le chiffre qu'on
veut supprimer est plus grand que 5.

DE LA SOUSTRACTION.

Il faut placer le nombre que l'on veut soustraire sous le
nombre dont on veut le retrancher, de manière que les unités
de même ordre soient les unes sous les autres ; ou remplir par
des zéros les places vides parmi les décimales, afin qu'il y en
ait une quantité égale dans l'une et dans l'autre nombre, après

quoi on opère comme si les nombres étaient entiers, et sans égard pour le point décimal.

E X E M P L E.

On propose de retrancher le nombre 327. 435 du nombre 824. 6.

Placez le nombre 327. 435 sous le nombre 824. 6, comme on le voit ici, et ajoutez deux zéros au nombre qui n'a qu'une décimale.

Après avoir opéré comme si ces nombres étaient entiers, vous aurez pour reste.................

$$\begin{array}{r} 8\,2\,4.6.0\,0 \\ 3\,2\,7.4\,3\,5 \\ \hline 4\,9\,7.1\,6\,5 \end{array}$$

ou bien, en supprimant le dernier chiffre, ...

$$4\,9\,7.1\,6$$

DE LA MULTIPLICATION.

La multiplication des nombres fractionnaires se fait de la même manière que si ces nombres étaient entiers; il n'y a à observer que de séparer, dans le produit, autant de chiffres décimaux qu'il y en a tout à la fois dans le multiplicande et dans le multiplicateur.

E X E M P L E   P R E M I E R.

Soit à multiplier le nombre 324 par 0. 15, on commencera par placer le multiplicateur sous le multiplicande, comme on le voit ici; après quoi on opérera, sans avoir égard au point décimal, de la même manière que si ces nombres étaient entiers.

$$\begin{array}{r} 3\,2\,4 \\ 0.1\,5 \\ \hline 1\,6\,2\,0 \\ 3\,2\,4 \\ \hline \end{array}$$

L'opération faite, on aura pour produit...... 4 8 6 0 et comme il y a deux décimales au multiplicateur seulement;

on séparera les deux derniers chiffres par le point décimal, ce qui fera de ce produit 48. 60.

EXEMPLE II.

Soit à multiplier 0. 1224 par 0. 048 : après qu'on aura placé ces deux nombres au-dessous l'un de l'autre, on opérera, sans avoir égard au point décimal, de la même manière que si ces nombres étaient entiers.

$$
\begin{array}{r}
0.1224 \\
0.\ 048 \\
\hline
9\ \ 792 \\
48\ \ 96 \\
\hline
\end{array}
$$

L'opération faite, et ayant donné

Pour produit. 58 752,

il reste à en séparer sept chiffres par le point décimal, parce qu'il y en a sept tant au multiplicande qu'au multiplicateur : mais comme l'opération n'a donné au produit que cinq chiffres, il s'en suit que l'on doit ajouter deux zéros à la gauche de cinq chiffres, et en mettre encore un troisième pour marquer la place des unités, ce qui donnera pour produit définitif 0. 0058752, nombre que l'on pourra fort bien, si l'on veut, réduire à 0, 0059, en supprimant les trois derniers chiffres, qui n'expriment que sept cent cinquante-deux dix millionièmes.

Lorsque l'on veut multiplier un nombre entier par 10, par 100, par 1000, etc., on se contente, comme chacun sait, d'y ajouter un, deux ou trois zéros, etc. En effet, puisque les chiffres ont une valeur dix fois, cent fois, mille fois plus grande, à mesure qu'ils s'éloignent d'une, de deux ou de trois places, etc., de celle des unités, il est évident qu'en ajoutant un ou plusieurs zéros à un nombre entier, on éloigne d'autant plus les chiffres qui composent ce nombre de la place des unités, et on leur donne une valeur dix fois, cent fois, mille fois plus grande, etc.

Si les nombres sont fractionnaires, c'est-à-dire, accompagnés de décimales, ce n'est pas en ajoutant des zéros à ces nombres qu'on les multipliera par 10, 100, 1000, etc.; puisque des zéros ajoutés à une fraction décimale n'en augmentent ni n'en diminuent la valeur : on emploie dans ce cas un moyen bien simple; il ne s'agit que de rapprocher le point décimal d'une, de deux ou de trois places, etc., vers la droite.

Soit, par exemple, le nombre 3. 234 qui signifie trois unités et deux cent trente-quatre millièmes. En rapprochant le point décimal d'une place vers la droite; ainsi, 32. 34, on le multiplie par 10, et on en fait 32 entiers et 34 centièmes. Si on le rapproche de deux places, on en fait 323. 4, c'est-à-dire 323 entiers et 4 dixièmes. Enfin, on multipliera ce même nombre par 1000, en rapprochant le point décimal de trois places vers la droite, et on aura 3234.

Lorsque un nombre a été ainsi multiplié par le rapprochement du point décimal, de manière qu'il ne reste plus de chiffres décimaux, il est devenu un nombre entier, et on le multipliera ultérieurement par 10, par 100, par 1000, etc., en ajoutant les zéros nécessaires.

DE LA DIVISION.

La division que l'emploi des fractions irrégulières rend ordinairement assez embarrassante, devient dans le calcul décimal une opération très-simple et très-facile; parce qu'on opère toujours sur les nombres fractionnaires, et même sur les fractions, comme sur des nombres entiers et incomplexes.

Si les nombres sur lesquels on doit opérer ont une égale quantité de décimales, on opère de la même manière que si ces nombres étaient entiers, et sans égard pour le point décimal.

Si l'un des deux nombres contient plus de décimales que l'autre, on y ajoute des zéros en nombre suffisant, pour qu'il y ait autant de décimales dans le dividende que dans le diviseur.

Lorsque le dividende ne contient pas le diviseur un nombre exact de fois, on est, dans la méthode ordinaire, obligé de compléter le quotient par une fraction dont le reste est le *numérateur*, et le diviseur le *dénominateur*. Dans le calcul décimal, on opère sur le reste comme on a opéré sur le tout; et le quotient s'exprime par des fractions décimales.

EXEMPLE PREMIER.

On propose de diviser 1429. 56. par 4. 18. Ces deux nombres contiennent le même nombre de chiffres décimaux. En conséquence, on opérera sans faire attention au point décimal, comme s'ils étaient entiers, c'est-à-dire, comme si l'on avait à diviser 142956 par 418.

Les nombres étant posés comme on le voit ici,

$$\begin{array}{r|l} 142956 & 418 \\ 1254 & \overline{342} \\ \hline 1755 & \\ 1672 & \\ \hline 836 & \\ 836 & \\ \hline 0 & \end{array}$$

et l'opération étant faite, on trouvera pour quotient 342.

EXEMPLE II.

Soit maintenant le nombre 245. 7 à diviser par 5. 85. Comme le diviseur contient une décimale de plus que le dividende, on ajoutera un zéro à celui-ci, afin que les deux nombres aient autant de décimales l'un que l'autre, et l'on opérera comme si l'on avait à diviser 24570 par 585, de manière que la règle étant posée comme on le voit ici,

$$\begin{array}{r|l} 2457.0 & 585 \\ 2340 & \overline{42} \\ \hline 1170 & \\ 1170 & \\ \hline 0 & \end{array}$$

et l'opération étant faite, on aura pour quotient 42.

Lorsqu'il y a un reste, suivant la méthode ordinaire, il faudrait compléter le quotient en ajoutant la fraction ; mais dans le calcul décimal, ce reste est transformé en une fraction décimale, en mettant à la suite de ce reste autant de zéros qu'il sera nécessaire, et continuant l'opération de la même manière.

Exemple III.

Soit encore à diviser 88. 6 par 3. 27. Comme ici le diviseur contient encore une décimale de plus que le dividende, on ajoutera à celui-ci un zéro, et on opérera comme si l'on avait 8860 à diviser par 327.

L'opération faite comme on le voit ici,

$$\begin{array}{r|l} 8860 & 327 \\ 651 & \overline{27} \\ \hline 2320 & \\ 2289 & \\ \hline \end{array}$$

Reste......... 0031

Et ayant donné pour quotient 27, le reste 31 qui deviendrait en une fraction trente et un trois cent vingt-septièmes, sera transformée en dixièmes, centièmes, millièmes, etc. A cet effet, on ajoutera au reste 31 autant de zéros qu'on veut avoir de décimales au quotient, par exemple deux, et on finira l'opération en divisant 3100 par 327. Ayant donc posé ces deux nombres comme on le voit ici,

$$\begin{array}{r|l} 3100 & 327 \\ 2943 & \overline{09} \\ \hline \end{array}$$

Reste......... 157

Et l'opération étant faite, on aura pour nouveau quotient 09, qu'on écrira à la suite du premier quotient 27, en les séparant par le point décimal : le quotient définitif sera donc 27. 09. Il restera 157, que l'on pourra négliger.

Une fraction ordinaire n'étant autre chose que l'expression du quotient de la division du numérateur par le dénominateur, il est facile de réduire en fraction décimale toute fraction ordinaire, en ajoutant au numérateur autant de zéros qu'on voudra faire de décimales, et divisant par le dénominateur.

On propose de réduire en fraction décimale la fraction un, deux cent quatre-vingt-treize.

Il faut, pour cet effet, diviser le numérateur 1 par le dénominateur 293. On opérera, après avoir posé ces deux nombres, comme on le voit ici,

<pre>
1.er dividende 1   │ 293
2.me   10   │ ───────
3.me   100   │ 0 .   1.er quotient.
4.me   1000   │ 0 . 0   2.me
                 879 │ 0 . 00   3.me
                 ─── │ 0 . 003   4.me
5.me   1210 │ 0 . 0034   5.me
                1172 │
                ───   │
Reste. . . . . . . 38 │
</pre>

On remarquera que le dividende 1 ne contient 293 : on écrira donc au quotient un zéro à la place des entiers, pour faire voir que 293 n'est pas contenu une fois dans le dividende 1.

A ce premier dividende 1 nous ajouterons un zéro, et nous aurons pour deuxième dividende 10 dixièmes, qui ne contient pas encore 293 une fois ; nous écrirons donc encore un zéro au quotient à la place des dixièmes.

À ce deuxième dividende 10 nous ajouterons un zéro ; et nous aurons pour troisième dividende 100 centièmes qui ne contient pas encore 293 : nous mettrons donc un nouveau zéro au quotient.

Mais si nous ajoutons un nouveau zéro au dividende, nous en ferons 1000 millièmes ; et parce que 1000 contient 293 trois fois, nous écrirons 3 au quotient à la place des millièmes.

Il nous restera 121, à quoi nous ajouterons un zéro, ce qui en fera 1210 qui contient 293 quatre fois. Nous écrirons donc 4 au quotient. Il reste 38 dix-millièmes que l'on pourra négliger ; ainsi le quotient de 1 par 293, ou la valeur de un deux cent quatre-vingt-treize en décimales, est 0. 0034, c'est-à-dire, 34 dix-millièmes, plus une petite fraction de nulle importance.

Nota. Nous avons observé que pour multiplier un nombre entier par 10, 100, 1000, etc., il suffisait d'y ajouter un, deux, trois zéros, etc. ; d'où nous avons induit que pour multiplier un nombre fractionnaire par dix, cent mille, etc., il n'y avait autre chose à faire que de rapprocher le point décimal, d'une, deux ou trois places, etc., vers la droite. Puisque la division est l'opération inverse de la multiplication, il s'en suit que pour diviser un nombre entier par 10, 100, 1000, etc. ; si ce nombre est terminé par des zéros, il suffit d'en retrancher un, deux ou trois, etc., et que s'il n'est pas terminé par des zéros, il suffit de reculer le point décimal, d'une, deux ou trois places vers la gauche.

Toutes ces opérations, que la pratique rendra familières, n'ont pas besoin de plus longues explications, et nous allons passer à l'application du calcul décimal aux nouvelles mesures.

EXEMPLE PREMIER.

Sur une pièce de toile de 50 mètres, un marchand a vendu trois parties ; savoir : une de 7 mètres 35 centièmes, une de dix mètres 85 centièmes, une de 15 mètres 30 centièmes, combien doit il rester sur la pièce ?

	7. 35
Nous ajouterons, comme on voit ici	10. 85
Les trois parties vendues.	15. 30
Total...........................	33. 50

Il faut ensuite retrancher 33. 50 de 50 mètres, ou de 50. 00, ce que 50. 00

l'on fait ainsi.................................... 33. 50

Le reste demandé est donc................. 16. 50

c'est-à-dire, 16 mètres 50 centièmes.

Exemple II.

On demande combien coûteront 18.ᵐ 33. d'étoffes à 15. fr.
25 le mètre : il faut multiplier 18. 33 par 15. 25, ou réciproquement.

Après qu'on aura posé ces deux nombres comme on le voit ici,

$$
\begin{array}{r}
1\,8.\ 3\,3 \\
1\,5.\ 2\,5 \\
\hline
9\,1\ \ 6\,5 \\
3\,6\,6\ \ 6 \\
9\,1\,6\,5 \\
1\,8\,3\,3 \\
\hline
2\,7\,9.5\,3\ \ 2\,5
\end{array}
$$

On opérera sans avoir égard au point décimal, et comme si les
deux nombres étaient entiers, c'est-à-dire, comme si l'on avait
1833 à multiplier par 1525.

L'opération faite, on séparera, dans le produit, autant de
décimales qu'il y en a dans le multiplicande et dans le multiplicateur, c'est-à-dire quatre, et l'on aura au produit 279. 5325,
c'est-à-dire 279 francs et 5325 dix-millièmes de franc ; mais
comme il n'y a pas de monnaie au-dessous du centième de franc
ou centime, on supprimera les deux derniers chiffres, et il
restera 279 francs 53 centimes.

Exemple III.

Un marchand ayant acheté une pièce de toile longue de 40.
50, c'est-à-dire de 40ᵐ, 50 centimètres, pour une somme de
100 francs, il demande combien il lui revient le mètre.

Il s'agit de diviser 100 fr., prix coûtant de la pièce, par
40. 50 ; mais, comme le diviseur contient deux décimales plus
que le dividende, on ajoutera deux zéros à celui-ci, afin que
les deux nombres aient autant de décimales l'un que l'autre.

En conséquence, la règle étant posée comme on le voit ici,

$$
\begin{array}{r|l}
10000 & 4050 \\
8100 & \overline{2.46} \\
\hline
19000 & \\
16200 & \\
\hline
28000 & \\
24300 & \\
\hline
3700 &
\end{array}
$$

Et l'opération terminée, ayant obtenu 2. 46 pour quotient, on aura pour réponse que le mètre revient 2 fr. 46 centimes.

Il reste 3700 dix millièmes qu'on peut négliger, n'étant que le tiers de la valeur d'un centime.

La comparaison des anciennes mesures avec les nouvelles mesures métriques devant être connue avant tout, la valeur de toutes les mesures locales comparativement aux nouvelles mesures se trouvera dans chaque table de comparaison, mise à la fin de chaque classe des poids et mesures, avec l'inverse. Et l'usage de ces tables, de manière que chacun puisse s'en servir commodément, par le moyen d'une simple addition, sera expliqué à la fin de cet ouvrage.

TABLE Ire. *Mesures linéaires.*

	Aunes.	Mètres.	Aunes.	Aunes.	C.tres	Aunes.	C.tres
Paris.	1.	1. 188	1 .... 0. 841	½.	59. 40	⅓.	39. 60
Pau.	1.	1. 1604	1 .... 0. 8616	⅕.	23. 21	¼.	29. 01
Bayonne et St-Jean-de-Luz.	1.	1. 2164	1 .... 0. 822	⅓.	40. 543	¼.	30. 41
Oloron.	1.	1. 1684	1 .... 0. 8558	⅓.	38. 946	¼.	29. 21
Orthez.	1.	1. 1844	1 .... 0. 8442	⅓.	39. 48	¼.	29. 61
St-Jean-Pied-de-Port.	1.	1. 1144	1 .... 0. 8973	⅓.	37. 146	¼.	27. 860
Mauléon et Tardets.	1.	1. 1924	1 .... 0. 8385	⅓.	39. 746	¼.	29. 81
Garris et St-Palais.	1.	1. 1624	1 .... 0. 8602	⅓.	38. 746	¼.	29. 06
Hasparren et Espelette.	1.	1. 1864	1 .... 0. 8428	⅓.	39. 546	¼.	29. 657
Labastide-Clairance.	1.	1. 1944	1 .... 0. 8371	⅓.	39. 813	¼.	29. 86

Toises.	Mètres.	Toises.	Pieds.	Décimètres.	Pieds.
1.	1. 94904	1. 0. 513074	1.	3. 2484	1. 0. 30784
2.	3. 89807	2. 1. 026148	2.	6. 4968	2. 0. 61569
3.	5. 84711	3. 1. 539222	3.	9. 7452	3. 0. 92353
4.	7. 79615	4. 2. 052296	4.	12. 9936	4. 1. 23138
5.	9. 74518	5. 2. 565370	5.	16. 2420	5. 1. 53922
6.	11. 69422	6. 3. 078444	6.	19. 4904	6. 1. 84707
7.	13. 64325	7. 3. 591518	7.	22. 7388	7. 2. 15495
8.	15. 59229	8. 4. 104593	8.	25. 9871	8. 2. 46276
9.	17. 54133	9. 4. 617667	9.	29. 2355	9. 2. 77060

TABLE II. Suite des mesures linéaires.

Canne du département des Basses-Pyrénées.

Cannes.	Mètres	Cannes.		Cannes.	Cent.s	Mètres.
1	1. 8566	1	0. 5382	1/8	23. 207 ou	0. 23207
2	3. 7132	2	1. 0764	1/7	26. 523 ..	0. 26523
3	5. 5698	3	1. 6146	1/6	30. 943 ..	0. 30943
4	7. 4264	4	2. 1528	1/5	37. 132 ..	0. 37132
5	9. 2830	5	2. 6910	2/5	74. 264 ..	0. 74264
6	11. 1396	6	3. 2292	3/5	111. 396 ..	1. 11396
7	12. 9962	7	3. 7674	4/5	148. 528 ..	1. 48528
8	14. 8528	8	4. 3056	1/4	46. 415 ..	0. 46415
9	16. 7094	9	4. 8438	1/2	92. 83 ..	0. 9283

Mesures itinéraires.

Petites lieues de 2000 toises.	Myriamètres ou lieues nouv.es		Petites lieues de 2000 toises.	Lieues comm.s de 25 au degré.	Myriamètres ou lieues nouv.es		Lieues comm.s de 25 au degré.
1	0. 3898	1	2. 565	1	0. 4444	1	2. 25
2	0. 7796	2	5. 131	2	0. 8889	2	4. 50
3	1. 1694	3	7. 696	3	1. 3333	3	6. 75
4	1. 5592	4	10. 261	4	1. 7778	4	9. 00
5	1. 9490	5	12. 827	5	2. 2222	5	11. 25
6	2. 3388	6	15. 392	6	2. 6667	6	13. 50
7	2. 7286	7	17. 958	7	3. 1111	7	15. 75
8	3. 1184	8	20. 523	8	3. 5556	8	18. 00
9	3. 5082	9	23. 088	9	4. 0000	9	20. 25

Nota. Le myriamètre (10,000 mètres) ou lieue nouvelle est de
5130 toises, ce qui équivaut à deux lieues anciennes.

DES MESURES POUR LES MESURAGES DES SUPERFICIES.

Les mesures de superficie ou surface ne sont que le résultat du calcul, c'est-à-dire de la multiplication de la longueur par la largeur des superficies, réduites à la forme d'un rectangle.

Les instruments pour le mesurage des surfaces sont donc les mêmes que ceux que l'on emploie pour le mesurage des longueurs. C'est pour le mesurage des terrains ou *l'arpentage*, le *décamètre* (perche), comme il a été dit, qui a 10 mètres de long, dont le carré forme *l'are* ou la perche carrée : et pour le mesurage de toutes les autres superficies, le *mètre*, le *décimètre*, le *centimètre*, le *millimètre*, d'où résultent le mètre carré, le décimètre carré, le centimètre carré; de sorte qu'un carré d'un mètre de côté, est appelé *mètre carré*. Celui d'un décimètre de côté, est un *décimètre carré*.

Un carré d'un centimètre de côté est un *centimètre carré*.

Un carré d'un décamètre de côté, considéré comme mesure de terrain, prend le nom d'are : unité pour les mesures agraires.

Un carré d'un hectomètre ou cent mètres de côté, porte le nom d'hectare (l'arpent nouveau) : c'est-à-dire, cent ares.

Le kilomètre carré est une étendue de terrain égale à un carré qui aurait un kilomètre ou mille mètres de côté.

Enfin, le *myriamètre carré* est une étendue de territoire égale à un carré qui aurait un myriamètre, ou dix mille mètres de côté.

Ces deux dernières mesures ne peuvent être employées que comme mesures géographiques, pour apprécier de grands territoires.

Un myriamètre carré contient 100 kilomètres carrés;
Un kilomètre carré contient 100 hectares;
Un hectare contient 100 ares;

Un are contient 100 mètres carrés ou centiares;

Un centiare ou mètre carré contient 100 décimètres carrés;

Un décimètre carré contient 100 centimètres carrés;

Un centimètre carré contient 100 millimètres carrés.

APPLICATION DE L'ARITHMÉTIQUE AUX MESURES DE SUPERFICIE.

Dans l'application de l'arithmétique aux mesures de surface l'addition et la soustraction n'éprouvent aucune difficulté; elles s'opèrent de la même manière que dans les mesures de longueur; en conséquence, nous passerons à la multiplication.

On demande combien il y a d'ares ou perches carrées dans une étendue de terrain, réduite à un rectangle de 541^m 5 de longueur sur 25^m 74 de largeur.

On multipliera ces deux nombres l'un par l'autre, comme si c'était des nombres entiers.

$$
\begin{array}{r}
541.5 \\
25.74 \\
\hline
216\,60 \\
3790\,5 \\
27075 \\
10830 \\
\hline
13938210
\end{array}
$$

Après quoi l'on séparera les trois derniers chiffres par le point décimal, parce qu'il y a une décimale au multiplicande et deux au multiplicateur, et on aura au produit 13938 mètres et 21 centièmes.

Pour savoir combien cette quantité de mètres carrés fait d'ares ou perches carrées, on observera qu'il faut 100 mètres carrés pour un are, et qu'en conséquence, il faut diviser ce nombre par 100 : c'est ce que l'on fera en reculant le point décimal de deux places vers la gauche ; en sorte que l'on aura 139 ares 3821, et en supprimant les deux derniers chiffres, parce que dans le mesurage des terrains on ne tient pas compte des fractions au-dessous des centièmes d'are : on aura 139 ares 38.

Si on voulait savoir aussi combien cette quantité fait d'hectares ou arpens métriques, on reculerait encore le point décimal de deux places vers la gauche, parce qu'un hectare contient 100 ares, et on aurait 1 hectare, 39 ares et 38 centièmes.

Un héritage de 8 arpens métriques, 6 perches, 15 centièmes étant à partager entre sept enfans, on demande quelle est la part qui revient à chacun.

Pour faire cette règle et toutes celles qui seront semblables, on opérera comme il suit : quoique chaque enfant puisse avoir commodément un arpent, nous prendrons les perches pour unités et nous aurons 806 perches 15 centièmes à diviser par 7.

Mais, comme le dividende a deux décimales, tandis que le diviseur n'en a point, nous ajouterons à celui-ci deux zéros, et nous opérerons sans avoir égard au point décimal, comme si nous avions 80615 à diviser par 700.

$$
\begin{array}{r|l}
80615 & \;700 \\
1061 & \overline{\;115.16} \\
3615 & \\
1150 & \\
4500 & \\
\end{array}
$$

Reste. 300

L'opération faite, nous aurons pour quotient 115.16, et il y aura un reste que nous négligerons. La part de chaque enfant sera donc 115 perches et 16 mètres carrés.

On pourrait aussi dans cet exemple, diviser 80615 par 7, comme si 80615 étaient entiers. Le quotient serait 115 .16. Dans le quotient il faudrait ensuite séparer les deux décimales du dividende, et on aura encore pour résultat un arpent, 15 perches et 16 centièmes.

On opérera de la même manière toutes les fois que le diviseur sera un nombre entier.

Dans tout le pays basque, on fait usage des mesures locales pour les surfaces des terrains (1) ; après quoi on cherche le rapport et la comparaison de la mesure métrique dans chaque localité, par des méthodes plus ou moins bonnes et expéditives ; d'où il résulte quelquefois des différences dans la comparaison. Les tables de comparaison, pour les surfaces, sont formées d'après l'expérience faite avec les instruments les plus justes qu'on ait pu se procurer dans chaque localité, et calculées avec exactitude ; ce qui fait que la comparaison est fixée entre les mesures anciennes et les mesures métriques dans la plus grande précision.

Les autres tables de comparaison pour les mesures itinéraires, de cubage, etc., sont conformes à celles de Martin, qui se trouvent à son régulateur universel : ouvrage de grand mérite, et d'une utilité universelle pour l'Europe ; mais peu commode pour les personnes à qui le nouveau système métrique, et le calcul décimal ne sont pas familiers.

---

(1) L'instrument dont on se sert est un grand compas de différentes ouvertures, et qu'on nomme *la perche*.

TABLE III. *Mesures agraires.*

Dans les cantons de Mauléon et de Tardets, l'arpent est de 400 perches carrées ; la perche a, à chaque côté, 1 toise 1 pied 3 pouces ou 87 pouces : elle vaut donc 7569 pouces carrés.

Perch. carr.	Mètres c.		Ares.	Perch. c.	Ares.
Mauléon, etc. 1 . . .	5. 60	ou	0. 0560	¹/₅	0. 0112
2	11. 20		0. 1120	²/₅	0. 0224
3 . . .	16. 80		0. 1680	³/₅ . . .	0. 0336
4 . . .	22. 40		0. 2240	⁴/₅ . . .	0. 0448
5 . . .	28. 00		0. 2800	¹/₄ . . .	0. 0140
6 . . .	33. 60		0. 3360	¹/₂ . . .	0. 0280
7 . . .	39. 20		0. 3920	³/₄ . . .	0. 0420
8 . . .	44. 80		0. 4480	¹/₃ . . .	0. 0186
9 . . .	50. 40		0. 5040	²/₃ . . .	0. 0372

TABLE III. *Suite des mesures agraires.*

	Arpens.	Ares.		Hectares.	Arpens.	Hectares.
Mauléon, etc.	1....	22. 40	ou	0. 2240	$^1/_5$....	0. 0448
	2...	44. 80		0. 4480	$^2/_5$....	0. 0896
	3...	67. 20		0. 6720	$^3/_5$....	0. 1344
	4...	89. 60		0. 8960	$^4/_5$....	0. 1792
	5...	112. 00		1. 1200	$^1/_4$....	0. 0560
	6...	134. 40		1. 3440	$^1/_2$....	0. 1120
	7...	156. 80		1. 5680	$^3/_4$....	0. 1680
	8...	179. 20		1. 7920	$^1/_3$....	0. 0746
	9...	201. 60		2. 0160	$^2/_3$....	0. 1492

		Ares.	Perch. carr.		Hectares.	Arpens. Perc.
L'inverse.	1........		17. 85	1........		4 $^1/_4$ 85
	2........		35. 70	2........		8 $^3/_4$ 70
	3........		53. 55	3........		13 $^1/_4$ 55
	4........		71. 40	4........		17 $^3/_4$ 40
	5........		89. 25	5........		21 $^1/_4$ 25
	6........		107. 10	6........		26 $^3/_4$ 10
	7........		124. 95	7........		31 0 95
	8........		142. 80	8........		35 $^2/_4$ 80
	9........		160. 65	9........		40 0 65

TABLE IV. *Mesures agraires.*

Dans les cantons de Saint-Palais et d'Iholdy, l'arpent est de 104 perches carrées, ayant chacune 16 pieds à chaque côté. La perche carrée de cette dimension vaut donc 7 toises carrées et 4 pieds carrés.

	Perch.carr.	Mèt. carr.	Ares.	Perch.carr.	Ares.
S.ᵗ-Palais, etc.	1 . . .	27. 02 ou	0. 2702	¹/₅	0. 0540
	2 . . .	54. 04	0. 5404	²/₅	0. 1080
	3 . . .	81. 06	0. 8106	³/₅	0. 1620
	4 . . .	108. 08	1. 0808	⁴/₅	0. 2160
	5 . . .	135. 10	1. 3510	¹/₄	0. 0675
	6 . . .	162. 12	1. 6212	¹/₂	0. 1350
	7 . . .	189. 14	1. 8914	³/₄	0. 2025
	8 . . .	216. 16	2. 1616	¹/₃	0. 0900
	9 . . .	243. 18	2. 4318	²/₃	0. 1800

TABLE IV. *Suite des mesures agraires.*

	Arpens.	Ares.	Hectares.	Arpens.	Hectares.
S.t Palais, etc. 1...	28. 09 ou	0. 2809	1/5. . . .	0. 0561
2...	56. 18	0. 5618	2/5. . . .	0. 1122
3...	84. 27	0. 8427	3/5. . . .	0. 1683
4...	112. 36	1. 1236	4/5. . . .	0. 2244
5...	140. 45	1. 4045	1/4. . . .	0. 0702
6...	168. 54	1. 6854	1/2. . . .	0. 1404
7...	196. 63	1. 9663	3/4. . . .	0. 2106
8...	224. 72	2. 2472	1/3. . . .	0. 0936
9...	252. 81	2. 5281	2/3. . . .	0. 1872

	Ares.	Perch. carr.	Hectares.	Arp.	Perc. c. 100e
L'inverse. 1. . . .	3. 7018	1. . . . 3.	58.	18
2. . . .	7. 4036	2. . . . 7.	12.	36
3. . . .	11. 1054	3. . . . 10.	70.	54
4. . . .	14. 8072	4. . . . 14.	14.	72
5. . . .	18. 5090	5. . . . 17.	82.	90
6. . . .	20. 4108	6. . . . 21.	37.	08
7. . . .	25. 9126	7. . . . 24.	95.	26
8. . . .	29. 6144	8. . . . 28.	49.	44
9. . . .	33. 3162	9. . . . 32.	03.	62

TABLE V. *Mesures agraires.*

Dans les communes d'Ostabares, l'arpent est de 100 perches carrées de 15 pieds 6 pouces de côté chacune; la perche carrée vaut donc 6 toises carrées, 24 pieds carrés, et 36 pouces carrés, ou 34596 pouces carrés.

	Perch. carr.	Mètr. carr.	Ares.	Perch. carr.	Ares.
Larceveau, etc.	1 . . .	25. 35 ou	0. 2535	$^1/_5$. . . .	0. 0507
	2 . . .	50. 70	0. 5070	$^2/_5$. . . .	0. 1014
	3 . . .	76. 05	0. 7605	$^3/_5$. . . .	0. 1521
	4 . . .	101. 40	1. 0140	$^4/_5$. . . .	0. 2028
	5 . . .	126. 75	1. 2675	$^1/_4$. . . .	0. 0633
	6 . . .	152. 10	1. 5210	$^1/_2$. . . .	0. 1266
	7 . . .	177. 45	1. 7745	$^3/_4$. . . .	0. 1899
	8 . . .	202. 80	2. 0280	$^1/_3$. . . .	0. 0845
	9 . . .	228. 15	2. 2815	$^2/_3$. . . .	0. 1690

TABLE V. *Suite des mesures agraires.*

		Arpens.	Ares.	Hectares.	Arpens.	Hectares.
Larceveau, etc.	1...	25. 35	ou	o. 2535	1/5. ...	o. o5o7
	2...	5o. 70		o. 5o7o	2/5. ...	o. 1o14
	3...	76. o5		o. 76o5	3/5. ...	o. 1521
	4...	1o1. 4o		1. o14o	4/5. ...	o. 2o28
	5...	126. 75		1. 2675	1/4. ...	o. o633
	6...	152. 1o		1. 521o	1/2. ...	o. 1266
	7...	177. 45		1. 7745	3/4. ...	o. 1899
	8...	2o2. 8o		2. o28o	1/3. ...	o. o845
	9...	228. 15		2. 2815	2/3. ...	o. 169o

		Ares.	Perches carr.	Hect.	Arp.	Per. c. 100e
L'inverse.	1....	3.	9445	1....	3.	94. 45
	2....	7.	889o	2....	7.	88. 9o
	3....	11.	8335	3....	11.	83. 35
	4....	15.	778o	4....	15.	77. 8o
	5....	19.	7225	5....	19.	72. 25
	6....	23.	667o	6....	23.	66. 7o
	7....	27.	6115	7....	27.	61. 15
	8....	31.	556o	8....	31.	55. 6o
	9....	35.	5oo5	9....	35.	5o. o5

TABLE VI. *Mesures agraires.*

A Helette, l'arpent est de 108 perches carrées, ayant chacun 15 pieds 10 pouces à chaque côté ; la perche carrée a donc 36100 pouces carrés.

	Perch. c.	Mètres carr.	Ares.	Perch. c.	Ares.
Helette.	1 . . .	26. 45 ou	0. 2645	¹/₅. . . .	0. 0529
	2 . . .	52. 90	0. 5290	²/₅. . . .	0. 1058
	3 . . .	79. 35	0. 7935	³/₅. . . .	0. 1557
	4 . . .	105. 80	1. 0580	⁴/₅. . . .	0. 2116
	5 . . .	132. 25	1. 3225	¹/₄. . . .	0. 0661
	6 . . .	158. 70	1. 5870	¹/₂. . . .	0. 1322
	7 . . .	185. 15	1. 8515	³/₄. . . .	0. 1983
	8 . . .	211. 60	2. 1160	¹/₃. . . .	0. 0881
	9 . . .	238. 05	2. 3805	²/₃. . . .	0. 1762

TABLE VI. *Suite des mesures agraires.*

Hélette.	Arpens.	Ares.	Hectares.	Arpens.	Hectares.
	1...	28. 57 ou	0. 2857	1/5....	0. 0571
	2...	57. 14	0. 5714	2/5....	0. 1142
	3...	85. 71	0. 8571	3/5....	0. 1713
	4...	114. 28	1. 1428	4/5....	0. 2284
	5...	142. 85	1. 4285	1/4....	0. 0714
	6...	171. 42	1. 7142	1/2....	0. 1428
	7...	199. 99	1. 9999	3/4....	0. 2142
	8...	228. 56	2. 2856	1/3....	0. 0952
	9...	257. 13	2. 5713	2/3....	0. 1904

L'inverse.	Ares.	Perches carr.	Hectares.	Arp.	P. c. 100ᵉ
	1....	3. 7802	1.... 3.	54.	02
	2....	7. 5604	2.... 7.	00.	04
	3....	11. 3406	3.... 10.	54.	06
	4....	15. 1208	4.... 14.	00.	08
	5....	18. 9010	5.... 17.	54.	10
	6....	22. 6812	6.... 21.	00.	12
	7....	26. 4614	7.... 24.	54.	14
	8....	30. 2416	8.... 28.	00.	16
	9....	34. 0218	9.... 31.	54.	18

TABLE VII. *Mesures agraires.*

Dans les cantons de Saint-Jean-Pied-de-Port et de Saint-Étienne de Baïgorry, l'arpent est de 108 perches carrées de 15 pieds 6 pouces de côté chacune; la perche carrée vaut 34596 pouces carrés.

	Perch. car.	Mètr. car.	Ares.	Perch. car.	Ares.
S.-Jean-Pied-de-Port, etc.	1...	25. 35 ou	o. 2535	1/5....	o. 0507
	2...	50. 70	o. 5070	2/5....	o. 1014
	3...	76. 05	o. 7605	3/5....	o. 1521
	4...	101. 40	1. 0140	4/5....	o. 2028
	5...	126. 75	1. 2675	1/4....	o. 0633
	6...	152. 10	1. 5210	1/2....	o. 1266
	7...	177. 45	1. 7745	3/4....	o. 1899
	8...	202. 80	2. 0280	1/3....	o. 0845
	9...	228. 15	2. 2815	2/3....	o. 1690

TABLE VII. *Suite des mesures agraires.*

	Arpens.	Ares.		Hectares.	Arpens.	Hectares.
S.ᵗ-Jean-Pied-de-Port, etc.	1...	27. 37	ou	0. 2737	$^1/_5$....	0. 0547
	2...	54. 74		0. 5474	$^2/_5$....	0. 1094
	3...	82. 11		0. 8211	$^3/_5$....	0. 1641
	4...	109. 48		1. 0948	$^4/_5$....	0. 2188
	5...	136. 85		1. 3685	$^1/_4$....	0. 0684
	6...	164. 22		1. 6422	$^1/_2$....	0. 1368
	7...	191. 59		1. 9159	$^3/_4$....	0. 2052
	8...	218. 96		2. 1896	$^1/_3$....	0. 0912
	9...	246. 33		2. 4633	$^2/_3$....	0. 1824

		Ares.	Perches carr.	Hect.	Arp.	Perc. c. 100ᵉ
L'inverse.	1....	3.	9459	1.... 3.	70.	59
	2....	7.	8918	2.... 7.	33.	18
	3....	11.	8377	3.... 11.	05.	77
	4....	15.	7836	4.... 14.	66.	36
	5....	19.	7295	5.... 19.	28.	95
	6....	23.	6754	6.... 21.	99.	54
	7....	27.	6213	7.... 25.	62.	13
	8....	31.	5672	8.... 29.	24.	72
	9....	35.	5131	9.... 31.	95.	31

TABLE VIII. *Mesures agraires.*

Dans le canton de Hasparren et dans la commune de Cambo, l'arpent est de 100 perches carrées de 16 pieds 7 pouces 6 lignes de côté chacune; la perche carrée vaut donc 5,731,236 lignes carrées.

	Perches carr.	Mètres carr.	Ares.	Perch. carr.	Ares.
Hasparren, etc.	1...	29. 16 ou	0. 2916	$^1/_5$....	0. 0583
	2...	58. 32	0. 5832	$^2/_5$....	0. 1166
	3...	87. 48	0. 8748	$^3/_5$....	0. 1749
	4...	116. 64	1. 1664	$^4/_5$....	0. 2332
	5...	145. 80	1. 4580	$^1/_4$....	0. 0736
	6...	174. 96	1. 7496	$^1/_2$....	0. 1472
	7...	204. 12	2. 0412	$^3/_4$....	0. 2208
	8...	233. 28	2. 3328	$^1/_3$....	0. 0971
	9...	262. 44	2. 6244	$^2/_3$....	0. 1942

TABLE VIII *Suite des mesures agraires.*

	Arpens.	Arcs.	Hectares.	Arpens.	Hectares.
Hasparren, etc. 1	29.	16 ou	o. 2916	$\frac{1}{5}$	o. o583
2	58.	32	o. 5832	$\frac{2}{5}$	o. o583
3	87.	48	o. 8748	$\frac{3}{5}$	o. 1749
4	116.	64	1. 1664	$\frac{4}{5}$	o. 3332
5	145.	80	1. 4580	$\frac{1}{4}$	o. 0729
6	174.	96	1. 7496	$\frac{1}{2}$	o. 1458
7	204.	12	2. 0412	$\frac{3}{4}$	o. 2178
8	233.	28	2. 3328	$\frac{1}{3}$	o. 1972
9	262.	44	2. 6244	$\frac{2}{3}$	o. 3944

	Ares.	Perches carr.	Hect.	Arp.	Perc. c. 100ᵉ
L'inverse. 1	3.	4288	1	3.	42. 88
2	6.	8576	2	6.	85. 76
3	10.	2864	3	10.	28. 64
4	13.	7152	4	13.	71. 52
5	17.	1440	5	17.	14. 40
6	20.	5728	6	20.	57. 28
7	24.	0016	7	24.	00. 16
8	27.	4304	8	27.	43. 04
9	30.	8592	9	30.	85. 92

TABLE IX. *Mesures agraires.*

Dans les cantons de Bayonne, d'Ustarits et dans la commune de Biarrits, l'arpent est de 360 perches carrées : la perche est un carré dont chaque côté a une toise 4 pieds 6 pouces, ou 126 pouces : la perche vaut donc 15876 pouces carrés.

Perch. carr.	Mètres car.		Ares.		Perch. carr.	Ares.
Bayonne, 1....	11. 6336	ou	0. 116336		1/5....	0. 023267
etc.						
2....	23. 2672		0. 232672		2/5....	0. 046534
3....	34. 9008		0. 349008		3/5....	0. 069801
4....	46. 5344		0. 465344		4/5....	0. 093068
5....	58. 1680		0. 581680		1/4....	0. 029084
6....	69. 8016		0. 698016		1/2....	0. 058168
7....	81. 4352		0. 814352		3/4....	0. 087252
8....	93. 6688		0. 930688		1/3....	0. 038778
9....	104. 7024		1. 047024		2/3....	0. 077556

Nota. A Bassussarry, pour les prés qui longent la Nive, l'arpent est comme à Bayonne; mais autrement son arpent ordinaire est comme à Espelette. *Voyez table XI.*

TABLE IX. *Suite des mesures agraires.*

Arpens.	Ares.	Hectares.	Arpens.	Hectares.
Bayonne, etc. 1...	41. 880960 ou	0. 41880960	1/5...	0. 08376192
2...	83. 761920	0. 83761920	2/5...	0. 16752384
3...	125. 642880	1. 25642880	3/5...	0. 25128576
4...	167. 523840	1. 67523840	4/5...	0. 33504768
5...	209. 404800	2. 09404800	1/4...	0. 10470240
6...	251. 285760	2. 41285760	1/2...	0. 20940480
7...	293. 166720	2. 93166720	3/4...	0. 31410720
8...	335. 047680	3. 35047680	1/3...	0. 13960320
9...	376. 928640	3. 76928640	2/3...	0. 27920640

Ares.	Perches carrées.	Hectares.	Arpens.
L'inverse. 1.....	8. 595791	1.....	2. 387720
2.....	17. 191582	2.....	4. 775440
3.....	25. 787373	3.....	7. 163160
4.....	34. 383164	4.....	9. 550880
5.....	42. 978955	5.....	11. 938600
6.....	51. 574746	6.....	14. 326320
7.....	60. 170537	7.....	16. 714040
8.....	68. 766328	8.....	19. 101760
9.....	77. 362119	9.....	21. 489480

TABLE X. *Mesures agraires.*

Dans le canton de Labastide-Clairance et dans la commune de Came, l'arpent est de 144 perches carrées, ayant chacune 2 toises 3 pieds, ou 15 pieds à chaque côté. La perche carrée de cette dimension vaut donc 6 toises carrées et 9 pieds carrés.

	Perch. car.	Mètres carrés.	Ares.	Perch. car.	Ares.
Labastide, etc.	1....	23. 7421 ou	0. 237421	1/5....	0. 047484
	2....	47. 4842	0. 474842	2/5....	0. 094968
	3....	71. 2263	0. 712263	3/5....	0. 142452
	4....	94. 9684	0. 949684	4/5....	0. 189936
	5....	118. 7105	1. 187105	1/4....	0. 059355
	6....	142. 4526	1. 424526	1/2....	0. 118710
	7....	166. 1947	1. 661947	3/4....	0. 178065
	8....	189. 9368	1. 899368	1/3....	0. 079140
	9....	213. 6789	2. 136789	2/3....	0. 158280

TABLE X. *Suite des mesures agraires.*

Arpens.	Ares.	Hectares.	Arpens.	Hectares.
Labastide, etc. 1...	34. 188624 ou	0. 34188624	1/5...	0. 06837725
2...	68. 377248	0. 68377248	2/5...	0. 13675450
3...	102. 565872	1. 02565872	3/5...	0. 20513175
4...	136. 754496	1. 36754496	4/5...	0. 27350900
5...	170. 943120	1. 70943120	1/4...	0. 08547156
6...	205. 131744	2. 05131744	1/2...	0. 17094312
7...	239. 320368	2. 39320368	3/4...	0. 25641468
8...	273. 508992	2. 73508992	1/3...	0. 11396208
9...	307. 697616	3. 07697616	2/3...	0. 22792416

	Ares.	Perches carrées.	Hectares.		Arpens.
L'inverse. 1.....	4.	211927	1.......	2.	924950
2.....	8.	423854	2.......	5.	849900
3.....	12.	635781	3.......	8.	774850
4.....	16.	847708	4.......	11.	699800
5.....	21.	059635	5.......	14.	624750
6.....	25.	271562	6.......	17.	549700
7.....	29.	483489	7.......	20.	474650
8.....	33.	695416	8.......	23.	399600
9.....	37.	907343	9.......	26.	324550

TABLE XI. *Mesures agraires.*

Dans le canton d'Espelette, l'arpent est de 100 perches carrées de 17 pieds 6 pouces de côté chacune ; la perche carrée vaut 44,100 pouces carrés.

Perch. car.	Mètres car.	Ares.	Perch. car.	Ares.
Espelette. 1...	32. 32 ou	0. 3232	1/5....	0. 0646
2...	64. 64	0. 6464	2/5....	0. 1292
3...	96. 96	0. 9696	3/5....	0. 1938
4...	129. 28	1. 2928	4/5....	0. 2584
5...	161. 60	1. 6160	1/4....	0. 0808
6...	193. 92	1. 9392	1/2....	0. 1616
7...	226. 24	2. 2624	3/4....	0. 4848
8...	258. 56	2. 5856	1/3....	0. 1077
9...	290. 88	2. 9088	2/3....	0. 2154

TABLE XI. *Suite des mesures agraires.*

	Arpens.	Ares.	Hectares.	Arpens.	Hectares.
Espelette.	1...	32. 32 ou	0. 3232	1/5....	0. 0646
	2...	64. 64	0. 6464	2/5....	0. 1292
	3...	96. 96	0. 9696	3/5....	0. 1938
	4...	129. 28	1. 2928	4/5....	0. 2584
	5...	161. 60	1. 6160	1/4....	0. 0808
	6...	193. 92	1. 9392	1/2....	0. 1616
	7...	226. 24	2. 2624	3/4....	0. 4848
	8...	258. 56	2. 5856	1/3....	0. 1077
	9...	290. 88	2. 9088	2/3....	0. 2154

	Ares.	Perch. carrées.	Hectares.	Arpens.	P. c. 100ᵉ
L'inverse.	1....	3. 0944	1....	3.	09. 44
	2....	6. 1888	2....	6.	18. 88
	3....	9. 2832	3....	9.	28. 32
	4....	12. 3776	4....	12.	37. 76
	5....	15. 4720	5....	15.	47. 20
	6....	18. 5664	6....	18.	56. 64
	7....	21. 6608	7....	21.	66. 08
	8....	24. 7552	8....	24.	75. 52
	9....	27. 8496	9....	27.	84. 96

TABLE XII. *Mesures agraires.*

Dans la commune de Sare l'arpent vaut 60 perches carrées, et la perche est un carré dont chaque côté a 3 toises
3 pieds, ou 21 pieds : cette perche vaut donc 441 pieds
carrés.

Perch. carr.	Mèt. carr.		Ares.		Perc. carr.	Ares.
Sare. 1....	46. 5346	ou	0. 465346		$^1/_5$....	0. 093069
2....	93. 0692		0. 930692		$^2/_5$....	0. 186138
3....	139. 6038		1. 396038		$^3/_5$....	0. 279207
4....	186. 1384		1. 861384		$^4/_5$....	0. 372276
5....	232. 6730		2. 326730		$^1/_4$....	0. 116336
6....	279. 2076		2. 792076		$^1/_2$....	0. 232672
7....	325. 7422		3. 257422		$^3/_4$....	0. 349008
8....	372. 2768		3. 722768		$^1/_3$....	0. 155115
9....	418. 8114		4. 188114		$^2/_3$....	0. 310230

TABLE XII. *Suite des mesures agraires.*

	Arpens.	Ares.		Hectares.		Arpens.	Hectares.
Sare.	1...	27. 920760	ou	0. 27920760		1/5... 0.	05584152
	2...	55. 841520		0. 55841520		2/5... 0.	11168304
	3...	83. 762280		0. 83762280		3/5... 0.	16752456
	4...	111. 683040		1. 11683040		4/5... 0.	22336608
	5...	139. 603800		1. 39603800		1/4... 0.	06980190
	6...	167. 524560		1. 67524560		1/2... 0.	13960380
	7...	195. 445320		1. 95445320		3/4... 0.	20940570
	8...	223. 366080		2. 23366080		1/3... 0.	09306920
	9...	251. 286840		2. 51286840		2/3... 0.	18613840

	Ares.	Perches carr.	Hectares.	Arpens.
L'inverse.	1.....	2. 148939	1......	3. 581564
	2.....	4. 297878	2......	7. 163128
	3.....	6. 446817	3......	10. 744692
	4.....	8. 595756	4......	14. 326256
	5.....	10. 744695	5......	17. 907820
	6.....	12. 893634	6......	21. 489384
	7.....	15. 042573	7......	25. 070948
	8.....	17. 191512	8......	28. 652512
	9.....	19. 340451	9......	32. 234076

TABLE XIII. *Mesures agraires.*

Dans le canton de Saint-Jean-de-Luz l'arpent est de 100 perches carrées, de 21 pieds de côté chacune : la perche carrée vaut donc 441 pieds carrés, ou 12 toises 9 pieds carrés.

	Perch. car. Mètres carr.	Ares.	Perch. car.	Ares.
S.t Jean-de-Luz.	1..... 46. 5346 ou	0. 465346	¹/₅....	0. 093069
	2..... 93. 0692	0. 930692	²/₅....	0. 186138
	3.... 139. 6038	1. 396038	³/₅....	0. 279207
	4.... 186. 1384	1. 861384	⁴/₅....	0. 372276
	5.... 232. 6730	2. 326730	¹/₄....	0. 116336
	6.... 279. 2076	2. 792076	²/₄....	0. 232672
	7.... 325. 7422	3. 257422	³/₄....	0. 349008
	8.... 372. 2768	3. 722768	¹/₃....	0. 155115
	9.... 418. 8114	4. 188114	²/₃....	0. 310230

TABLE. XIII. *Suite des mesures agraires.*

	Arpens.	Ares.		Hectares.		Arpens.	Hectares.
S.ᵗ-Jean-de-Luz.	1....	46. 5346	ou	0. 365346		1/5....	0. 093069
	2....	93. 0692		0. 930692		2/5....	0. 186138
	3....	139. 6038		1. 396038		3/5....	0. 279207
	4....	186. 1384		1. 861384		4/5....	0. 372276
	5....	232. 6730		2. 326730		1/4....	0. 116336
	6....	279. 2076		2. 792076		1/2....	0. 232672
	7....	325. 7422		3. 257422		3/4....	0. 349008
	8....	372. 2768		3. 722768		1/3....	0. 155115
	9....	418. 8114		4. 188114		2/3....	0. 310230

	Ares.	Perches carrées.	Hectares.	Arpens.	Perc. c. 100ᵉ
L'inverse. 1......	2.	1489	1......	2.	14. 89
2......	4.	2978	2......	4.	29. 78
3......	6.	4467	3......	6.	44. 67
4......	8.	5956	4......	8.	59. 56
5......	10.	7445	5......	10.	74. 45
6......	12.	8934	6......	12.	89. 34
7......	15.	0423	7......	15.	04. 23
8......	17.	1912	8......	17.	19. 12
9......	19.	3401	9......	19.	34. 01

TABLE XIV. *Mesures agraires.*

Dans le canton de Bidache l'arpent est de 288 perches carrées de 9 pieds de côté chacune : la perche carrée vaut donc
81 pieds carrés ou 2 toises carrées et 9 pieds carrés.

	Perch. carr.	Mètres c.	Ares.	Perch. c.	Ares.
Bidache.	1....	8. 55 ou	0. 0855	1/5....	0. 0171
	2....	17. 10	0. 1710	2/5....	0. 0342
	3....	25. 65	0. 2565	3/5....	0. 0513
	4....	34. 20	0. 3420	4/5....	0. 0684
	5....	42. 75	0. 4275	1/4....	0. 0213
	6....	51. 30	0. 5130	1/2....	0. 0426
	7....	59. 85	0. 5985	3/4....	0. 1639
	8....	68. 40	0. 6840	1/3....	0. 0285
	9....	76. 95	0. 7695	2/3....	0. 0570

TABLE XIV. *Suite des mesures agraires.*

	Arpens.	Arcs.		Hectares.	Arpens.	Hectares.
Bidache.	1...	24. 62	ou	0. 2462	1/5....	0. 0492
	2...	49. 24		0. 4924	2/5....	0. 0984
	3...	73. 86		0. 7386	3/5....	0. 1476
	4...	98. 48		0. 9848	4/5....	0. 1968
	5...	123. 10		1. 2310	1/4....	0. 0615
	6...	147. 72		1. 4772	1/2....	0. 1230
	7...	172. 34		1. 7234	3/4....	0. 1845
	8...	196. 96		1. 9696	1/3....	0. 0820
	9...	221. 58		2. 2158	2/3....	0. 1640

	Arcs.	Perch. carr.	Hectares.	Arp.	Perc. c. 100ᵉ
L'inverse. 1....	11.	6970	1....	4.	17. 70
2....	23.	3940	2....	8.	35. 40
3....	35.	0910	3....	12.	51. 10
4....	46.	7880	4....	16.	70. 80
5....	58.	4850	5....	20.	88. 50
6....	70.	1820	6....	24.	106. 20
7....	81.	8790	7....	28.	123. 90
8....	93.	5760	8....	32.	141. 60
9....	105.	2730	9....	36.	159. 30

Il y a fort peu de personnes qui ne connaissent les figures les plus usitées en planimétrie, qui sont les quadrilatères, les triangles et les polygones rectilignes, c'est pourquoi nous nous abstiendrons d'y faire les figures. Un carré est une figure qui a quatre angles droits, et par conséquent de 90 degrés chacun, dont les côtés sont égaux. Le rectangle ou carré long a aussi quatre angles droits, et les côtés contigus inégaux. Un quadrilatère dont deux côtés seulement sont parallèles se nomme trapèze, et les côtés parallèles s'appellent bases.

La surface d'un rectangle et d'un parallélogramme s'obtient en multipliant sa base par sa hauteur, c'est-à-dire, que si la hauteur est de 22 mètres et la largeur de 36, la somme du plan ou de la figure sera 792 mètres carrés ou 7 ares 92 centiares.

La surface d'un trapèze est égale au produit de la moitié de ses deux bases, multiplié par leur distance verticale ; c'est-à-dire que si la grande base est de 16 mètres, la petite de 8 et leur distance 7, on aura 12 à multiplier par 7 : le produit sera le carré du trapèze, c'est-à-dire 84 centiares.

Il y a plusieurs sortes de triangles : triangle rectangle, scalène, équilatéral, oxygone, amblygone, isocèle, etc. Mais, comme tout triangle est la moitié d'un parallélogramme de même base et de même hauteur, il ne faut que multiplier la hauteur par la largeur ou base, et du produit en prendre la moitié : cette moitié sera la superficie du triangle. Soit, par exemple, une pièce de terre de la forme triangulaire, ayant 20 mètres de base et 16 mètres de hauteur, dont on veut savoir la contenance ; il s'agit de multiplier la base par la hauteur, c'est-à-dire 20 par 16, et on aura 320 pour produit, dont la moitié 160 est la superficie demandée.

Les surfaces planes terminées par un assemblage quelconque, les polygones de lignes droites, se nomment *polygones*. De quatre côtés, se nomment en général quadrilatères, de cinq, pentagones, de six hecxagones, etc. (1). Mais on ne pousse guère cette nomenclature au-delà des polygones de dix côtés, appelés décagones.

Pour connaître l'aire ou la superficie d'un polygone quelconque, la méthode la plus ordinaire est de diviser le polygone, par des diagonales, en autant de triangles qu'il y a de côtés, hormi deux, et d'additionner ces triangles pour avoir la superficie entière du polygone. Cependant on peut connaître l'aire d'un polygone, en l'épuisant par des figures qui seraient employées arbitrairement, mais cette dernière méthode ne prévaudra pas la première. Pour trouver la surface d'un cercle, il faut multiplier la circonférence par le quart du diamètre, ou bien on peut appliquer la même méthode qu'on emploie pour obtenir la surface d'un ovale, en établissant une règle de proportion sur le produit du diamètre multiplié par lui-même, comme 14 : 11 de surface.

Nous ne passerons pas sous silence le classement des terres avec le produit, qui n'est pas moins nécessaire de connaître que la contenance, et enfin leur estimation selon leur nature et les degrés de fertilité du sol.

Tout agriculteur, d'après l'expérience ordinaire, et se basant à la quantité de sémailles, et en conséquence sur le produit de la récolte de chaque année, pourrait donner une estimation plus ou moins approchée à une étendue de terre labourable et autres natures, pour parvenir à un produit brut, et enfin déduction faite de ses avances, comme valeur des grains pour les sémailles, engrais, travaux, etc., pour trouver le revenu net, qui sert de base à la contribution foncière. Mais, comme ceci n'établit pas une proportionelle dans les généralités des revenus, faisons connaître la quantité de récoltes en grains et en vins, prenant la base dans les tableaux effectifs employés pour le cadastre: on y verra qu'un arpent (38 ares) donne, année commune, pour

____

(1) Voyez les élemens de géométrie; par Lacroix, page 52.

les terres labourables de première classe, 20 mesures de froment, ou 30 de maïs (1).

Pour la seconde classe, 15 mesures de l'un, ou 24 de l'autre.

Pour la troisième classe, 10 mesures de l'un, ou 15 de l'autre. Et dans la proportion pour les autres classes et espèces de grain.

Pour les vignobles, première classe, 2 barriques; seconde classe, une barrique et demie; troisième classe, une barrique.

Quoique le prix des grains varie pendant le cours de l'année, le terme moyen a été fixé 4 francs pour la mesure de froment (2), 2 francs 50 centimes pour celle de maïs : ce qui fait pour l'une et pour l'autre 60 francs; celui pour les vins est de 80 francs, d'après les mercuriales employées pour le cadastre.

DES MESURES DE SOLIDITÉ, ET INSTRUMENTS DE MESURAGE.

Nous avons vu qu'un nombre élevé à la seconde puissance, c'est-à-dire le produit d'un nombre multiplié par lui-même, s'appelle carré; un nombre élevé à la troisième puissance se nomme *cube*; enfin, élevé à la quatrième puissance, quarré de quarré, etc.

Les solides se composent donc de trois dimensions, longueur, largeur et hauteur, et se comparent à des mesures régulières que l'on nomme *cubes*, dont la longueur, la largeur et la hauteur sont égales.

Nota. On appelle *cube* un corps solide qui présente six côtés égaux et forment chacun un carré.

---

(1) 38 ares valent 1 arpent ½ et 78 perches de Soule.
(2) Deux mesures de Béarn font une conque du pays Basque.

Un cube qui a un mètre de côté s'appelle *un mètre cube*, appliqué au mesurage du bois de chauffage, ou à d'autres matières qui font partie de la stéréométrie, et alors cette mesure prend le nom de *stère*; ses sous-multiples sont : décistère, dixième du stère, centi-stère; mais vulgairement on préfère de se servir des expressions, la moitié, le quart.

Il n'y a point des mesures de solides au-dessus du mètre cube ou stère; on peut néanmoins placer dans l'ordre de ces mesures, le décastère, égal à dix stères, et l'employer pour l'évaluation des grandes quantités de bois.

Un décastère contient dix stères ou mètres cubes.

Un stère ou mètre cube contient dix décistères; il contient également mille millistères ou décimètres cubes.

Un décistère contient 100 millistères ou décimètres cubes.

Un décimètre cube contient 1,000 centimètres cubes.

Un centimètre cube contient 1,000 millimètres cubes.

Les instruments dont on se sert pour le mesurage des solides sont : le *stère* et le *double stère*, membrure ou chassis en bois, ayant un mètre de côté, destinés au mesurage du bois de chauffage.

Dans tous les autres cas, les mesurages des solides ou la cubature est le produit de la multiplication de la longueur par la largeur et la hauteur; ce qui se fait au moyen des instruments des mesures de longueur, en observant les règles et les principes de la géométrie.

Exemple.

Une pile de bois, rangée en forme de parallélipipède, a 18.^{m} 4 de largeur, 45.^{m} 7 de hauteur, 28.^{m} 1 de longueur; combient contient-elle de stères? On opérera comme on le voit

ici, de la même manière que si ces trois nombres étaient entiers, sans faire attention au point décimal.

$$
\begin{array}{r}
18^{m}, 4 \text{ largeur.} \\
45. \quad 7 \text{ hauteur.} \\
\hline
128 \quad 8 \\
920 \\
736 \\
\hline
8408 \quad 8 \\
28. \quad 1 \text{ longueur.} \\
\hline
8408 \quad 8 \\
672704 \\
168176 \\
\hline
2362872 \quad 8
\end{array}
$$

L'opération faite, on aura 23628 mètres cubes, et 728 décimètres cubes, et attendu qu'il y a trois décimales, on séparera
les trois derniers chiffres par le point décimal.

Nota. Il faut toujours exprimer les trois dimensions par la
même sorte de mesure, soit mètre, soit décimètre.

TABLE XV. *Pour le bois de chauffage et de charpente.*

BOIS DE CHAUFFAGE.			BOIS DE CHARPENTE.		
Cordes des Eaux et Forêts.	Stères.	Cordes des Eaux et Forêts.	Solives anciennes.	Solives nouvelles.	Solives anciennes.
1... 3. 839		1... 0. 2605	1... 1. 02832		1... 0. 97246
2... 7. 678		2... 0. 5210	2... 2. 05664		2... 1. 94492
3... 11. 517		3... 0. 7814	3... 3. 08496		3... 2. 91739
4... 15. 356		4... 1. 0419	4... 4. 11328		4... 3. 88985
5... 19. 195		5... 1. 3024	5... 5. 14159		5... 4. 86231
6... 23. 034		6... 1. 5629	6... 6. 16991		6... 5. 83477
7... 26. 873		7... 1. 8234	7... 7. 19023		7... 6. 80723
8... 30. 712		8... 2. 0838	8... 8. 22655		8... 7. 77970
9... 34. 551		9... 2. 3443	9... 9. 25487		9... 8. 75216

TABLE XVI. *Toises et pieds carrés en mètres et décimètres carrés, et réciproquement.*

Toises carrées.	Mètres carrés.	Toises carrées.	Pieds carrés.	Décimètres carrés.	Pieds carrés.
1... 3. 79874		1... 0. 2632	1... 10. 5521		1... 0. 0951
2... 7. 59748		2... 0. 5265	2... 21. 0141		2... 0. 1895
3... 11. 39623		3... 0. 7897	3... 31. 6562		3... 0. 2843
4... 15. 19497		4... 1. 0531	4... 42. 2082		4... 0. 3791
5... 18. 99371		5... 1. 3162	5... 52. 7603		5... 0. 4738
6... 22. 79246		6... 1. 5795	6... 63. 3123		6... 0. 5687
7... 26. 59120		7... 1. 8427	7... 73. 8644		7... 0. 6633
8... 30. 38994		8... 2. 1060	8... 84. 4165		8... 0. 7581
9... 34. 18868		9... 2. 3692	9... 94. 9686		9... 0. 8529

TABLE XVII. *Mesures de solidité.*

Toises cubes.	Décimètres cubes.	Toises cubes.		Pieds cubes.	Décimètres cubes.	Pieds cubes.	
1..	7. 403887	1..	0. 1350642	1.	34. 2773	1. 0.	0291739
2..	14. 807774	2..	0. 2701284	2.	68. 5545	2. 0.	0583477
3..	22. 211661	3..	0. 4051926	3.	102. 8318	3. 0.	0875216
4..	29. 615549	4..	0. 5402568	4.	137. 1090	4. 0.	1166955
5..	37. 019436	5..	0. 6753219	5.	171. 3863	5. 0.	1458693
6..	44. 423323	6..	0. 8103851	6.	205. 6635	6. 0.	1750432
7..	51. 827210	7..	0. 9454493	7.	239. 9408	7. 0.	2042170
8..	59. 231097	8..	1. 0805135	8.	274. 2180	8. 0.	2333909
9..	66. 634984	9..	1. 2155779	9.	308. 4953	9. 0.	2625648

Pouces cubes.	Centimètres cubes.	Pouces cubes.		Lignes cubes.	Millimètres cubes.	Lignes cubes.	
1...	19. 8364	1...	0. 050412	1...	11. 479	1... 0.	08711
2...	39. 6727	2...	0. 100825	2...	22. 959	2... 0.	17422
3...	59. 5091	3...	0. 151237	3...	34. 438	3... 0.	26134
4...	79. 3455	4...	0. 201650	4...	45. 918	4... 0.	34845
5...	99. 1819	5...	0. 252062	5...	57. 397	5... 0.	43556
6...	119. 0182	6...	0. 302475	6...	68. 876	6... 0.	52268
7...	138. 8546	7...	0. 352887	7...	80. 356	7... 0.	60979
8...	158. 6910	8...	0. 403299	8...	91. 835	8... 0.	69690
9...	178. 5274	9...	0. 453712	9...	103. 314	9... 0.	78401

Nota. Il n'est pas fait mention ici des toise-pieds, toise-pouces, toise-lignes, toise-points; toise-toise-pieds, toise-toise-pouces, etc.; ces sous-divisions n'étant nullement usitées dans le pays.

DES MESURES DE CONTENANCE OU DE CAPACITÉ POUR LES GRAINS ET AUTRES MATIÈRES SÈCHES.

On a vu que les mesures de longueur, de superficie et de solidité dérivent immédiatement du mètre; les mesures de capacité en sont également déduites.

La capacité d'un vase, c'est-à-dire le vide formé par ses parois intérieurs, peut être assimilé au solide qui le remplacerait, et se mesure de la même manière.

Ainsi, un vase de forme carrée dont la largeur, la longueur et la profondeur intérieures sont chacune d'un décimètre, donnerait une capacité d'un décimètre cube, qui ne diffère que d'un millième de l'ancienne pinte d'Orthez, et que l'on a nommé litre; on en fait l'unité générique des mesures de capacité.

La dixième partie d'un litre, s'appelle décilitre et la millième partie millilitre.

Pour avoir de grandes mesures on a multiplié le litre par 10, par 100 et par 1000.

Multiplié par 10, le litre a donné une mesure de dix litres qu'on appelle *décalitre* (1).

En le multipliant par 100, on en a fait une mesure de cent litres, qu'on a nommé *hectolitre* (2).

Enfin, une mesure dont la capacité serait égale à un mètre cube, serait le *kilolitre*, mesure de mille litres.

---

(1) Un décalitre vaut $^1/_4$ de conque.

(2) Un hectolitre vaut 2 $^1/_2$ conques.

Ainsi, le kilolitre contient 10 hectolitres,
l'hectolitre. . . . . 10 décalitres,
le décalitre. . . . . 10 litres,
le litre. . . . . 10 décilitres,
et le décilitre. . . . . 10 centilitres.

Les instruments pour le mesurage des grains sont des vases
de différentes formes, dont la capacité est connue.

L'hectolitre (setier), son double et sa moitié, ils sont destinés
à remplacer toutes les mesures qui ont servi pour la chaux,
le plâtre, le charbon, la houille, etc.

Le décalitre (boisseau), son double et sa moitié, ils remplacent les anciens boisseaux, coupes, cartes, minots, etc.

Quoique l'on puisse également y employer *l'hectolitre* (setier)
il n'est guère considéré à cet égard que comme unité de compte,
c'est-à-dire, comme une quantité de dix décalitres (boisseaux).

Le litre (pinte), son double et sa moitié, a tous les usages
auxquels on employait la pinte, le litron, picotin, etc.

Le décilitre, (la dixième partie d'un litre) et son double,
servent à l'appréciation des plus petites quantités.

Ces sortes de mesures sont communément construites en bois,
dans la forme d'un cylindre, dont le diamètre est égal à la
hauteur. *Voyez la table des dimensions à la fin de l'ouvrage.*

TABLE XVIII. *Mesures de capacité pour les grains et les matières sèches.*

	D. L.		D. L.		D. L.		D. L.
Le sac de Bayonne (1)....	8. 2345	$^1/_4$.	2. o586	$^1/_3$.	2. 7448	$^1/_2$.	4. 1172
La conque de Bayonne....	4. 4028	$^1/_4$.	1. 1007	$^1/_3$.	1. 4676	$^1/_2$.	2. 2014
D'Espelette..............	4. 4972	$^1/_4$.	1. 1243	$^1/_3$.	1. 4990	$^1/_2$.	2. 2486
D'Hasparren.............	3. 2795	$^1/_4$.	o. 8198	$^1/_3$.	1. o931	$^1/_2$.	1. 6397
La mesure d'Orthez......	2. 2830	$^1/_4$.	o. 5707	$^1/_3$.	o. 7610	$^1/_2$.	1. 1415
De Pau..................	2. o980	$^1/_4$.	o. 5245	$^1/_3$.	o. 6993	$^1/_2$.	1. o490
De Sauveterre...........	2. o355	$^1/_4$.	o. 5089	$^1/_3$.	o. 6785	$^1/_2$.	1. o177
De Navarrenx...........	1, 6365	$^1/_4$.	o. 4091	$^1/_3$.	o. 5455	$^1/_2$.	o. 8182
L'ancien quart.^{on} d'Oloron.	2. oo65	$^1/_4$.	o. 5016	$^1/_3$.	o. 6688	$^1/_4$.	1. oo32
De Soule................	1. 5405	$^1/_4$.	o. 3851	$^1/_3$.	o. 5135	$^1/_2$.	o. 7702
De Labastide-Clairance...	1. 1010	$^1/_4$.	o. 2752	$^1/_3$.	o. 3670	$^1/_2$.	o. 5505
Le Cousserau de Saint-Pée.	1. oo35	$^1/_4$.	o. 2509	$^1/_3$.	o. 3342	$^1/_2$.	o. 5017
De S.t-Jean-Pied-de-Port.	1. oo25	$^1/_4$.	o. 25o6	$^1/_3$.	o. 3342	$^1/_2$.	o. 5012
De Garris...............	o. 5587 (2)	$^1/_4$.	o. 1397	$^1/_3$.	o. 1862	$^1/_2$.	o. 2793

Nota. A Mauléon et à Tardets on se sert en général du double décalitre, appelé vulgairement mesure ou demi-conque.

---

(1) L'hectolitre vaut en sacs de Bayonne 1,2144.

(2) Est plus grand que le décalitre seulement de $^1/_{666}$ à peu-près.

DES MESURES POUR LES LIQUIDES, ET DE LEURS FORMES.

Les mesures de capacité pour les liquides sont :

Le *décalitre* ou *velte* de dix pintes; il remplace l'ancienne velte et les autres mesures du même genre : on peut employer son double et sa moitié.

Le litre (pinte) et le décilitre (verre), leurs doubles et leurs moitiés ;

Ces mesures sont en général des vases d'étain, de forme cylindrique, dont la hauteur est double du décamètre; ce qui donne à chacun la faculté de s'assurer de l'exactitude de leur contenance.

Le décalitre (velte) est communément construit en bois avec des cercles en fer, dans la forme d'un broc.

TABLE XIX. *Mesures de capacité pour les liquides.*

Mesures en usage dans le pays Basque.

La barrique devrait contenir seize cruches; la cruche doit valoir dix pots, et le pot est le double de la pinte: ainsi la barrique devrait contenir 160 pots, ou 320 pintes.

Pintes.	Litres.	Fr.	Lit.	Cru.	D.	Barr.	Hectolit.
De Pau	1. 151	1/2.	0. 575	1. 2.	302	1. 3.	683200
d'Orthez	0. 999	1/2.	0. 499	1. 1.	998	1. 3.	196800
De Bayonne et de S.ᵗ-Jean-de-Luz.	0. 771	1/2.	0. 385	1. 1.	542	1. 2.	467200
D'Oloron	0994	1/2.	0. 497	1. 1.	998	1. 3.	180800
De Mauléon	1. 003	1/2.	0. 501	1. 2.	006	1. 3.	209600
De Tardets	1. 077	1/2.	0. 538	1. 2.	154	1. 3.	446400
De S.ᵗ-Palais	1. 336	1/2.	0. 668	1. 2.	672	1. 4.	275200
De Garris	1. 582	1/2.	0. 791	1. 3.	164	1. 5.	062400
De S.ᵗ-Jean-Pied-de-Port.	0. 990	1/2.	0. 495	1. 1.	980	1. 3.	168000
De Hasparren	0805	1/2.	0. 402	1. 1.	610	1. 2.	576000
D'Espelette	0. 800	1/2.	0. 400	1. 1.	600	1. 2.	560000
Labastide-Clairance.	1. 065	1/2.	0. 532	1. 2.	130	1. 3.	408000

DES POIDS ET DE LEURS FORMES.

Les poids ont été déduits des mesures de longueur, de même que les autres mesures de surface, de solidité, etc.

Nous avons observé que les mesures de capacité avaient été tirées du mètre, et que le litre est un vase dont la capacité est égale à un décimètre cube.

Un vase de contenance d'un décimètre cube d'eau distillée, doit être d'une pesanteur d'un kilogramme; c'est-à-dire qu'un décimètre cube d'eau pure pèse un kilogramme, qui veut dire poids de mille grammes : c'est un poids qui équivaut à peu près à deux livres cinq gros et demi, ancien poids de marc.

Le kilogramme, divisé en dix parties, donne *l'hectogramme*, équivalant à un peu plus de trois onces anciennes.

L'hectogramme, divisé à son tour en dix parties, donne le *décagramme*, qui vaut à peu près deux gros et demi anciens.

Le décagramme, divisé également en dix parties, donne le *gramme*, qui équivaut à dix-neuf grains anciens.

Le dixième du gramme est le *décigramme*, qui équivaut à près de deux grains anciens.

Le dixième de décigramme est le *centigramme*, qui équivaut à peu près à deux dixièmes de grain ancien.

Le dixième du centigramme, est le *milligramme*, qui équivaut à environ deux centièmes de grain ancien.

Le kilogramme, multiplié par 10, produit le myriagramme, poids de dix mille grammes, équivalant à près de vingt livres sept onces anciennes.

Ainsi, le myriagramme vaut 10 kilogrammes,
le kilogramme. . . . . 10 hectogrammes,

l'hectogramme. . . . . 10 décagrammes,
le décagramme. . . . . 10 grammes,
le gramme.. . . . . 10 décigrammes,
le décigramme. . . . . 10 centigrammes,
le centigramme. . . . . 10 milligrammes.

Les poids inférieurs s'expriment par dixièmes et centièmes de milligramme, et les poids supérieurs au myriagramme s'expriment par dixaines, centaines, etc. de myriagrammes.

Le kilogramme est la livre métrique, *l'hectogramme*, l'once métrique, et le décagramme, gros métrique; les doubles et les moitiés, de l'hectogramme et du décagramme, remplacent les fractions de la livre ancienne, depuis la demi-livre jusqu'au gros.

Ces poids sont généralement en fonte de fer, et en fer, et même en cuivre de forme cylindrique, ou de pyramide héxagonde tronquée.

Le *quintal*, poids de cent kilogrammes ou livres métriques, qui revient à un peu plus de 204 livres, ancien poids de marc, et le *millier*, ou tonneau de mer 1000 kilogrammes ou livres métriques, équivalant à près de 2043 livres anciennes, sont mis en usage parmi les poids; mais ce ne sont que des unités de compte.

Le kilogramme étant le poids d'un décimètre cube d'eau bien pure, qu'on emplisse un vaisseau de forme régulière, celle d'un cylindre, par exemple, dont la hauteur et la largeur intérieure mesurées donnent 1000 décimètres cubes, on aura le poids du liquide contenu, en prenant un *kilogramme* pour chaque décimètre cube, *un gramme* pour chaque centimètre cube, etc.

Nota. Le millier (1000 kilo.) se décompose en 100 myriagrammes, ou 10 quintaux métriques.

TABLE XX. *Pour réduire les poids anciens en livres nouvelles et parties décimales, et réciproquement.*

	Onces.	Hectog.	Liv.	Kilog.	Quint. de 120.	Myriag.
Pau.	1.	o. 3o6	1.	o. 4895	1.	5. 875
Bayonne.	1.	o. 3o6	1.	o. 4896	1.	5. 875
Hasparren.	1.	o. 3o6	1.	o. 4895	1.	5. 875
S.ᵗ-Jean-de-Luz. . . .	1.	o. 3o6	1.	o. 4895	1.	5. 875
Espelette.	1.	o. 3o6	1.	o. 4895	1.	5. 875
Mauléon.	1.	o. 262	1.	o. 419	1.	5. 028
Labastide-Clairance.	1.	o. 258	1.	o. 412	1.	4. 944
Tardets.	1.	o. 255	1.	o. 408	1.	4. 896
Orthez.	1.	o. 253	1.	o. 406	1.	4. 872
Garris.	1.	o. 250	1.	o. 400	1.	4. 800
S.ᵗ-Palais.	1.	o. 250	1.	o. 400	1.	4. 800
Sᵗ-Jean-Pied-de-Port.	1.	o. 247	1.	o. 396	1.	4. 752
Sauveterre.	1.	o. 253	1.	o. 405	1.	4. 860
Pau.					Quint. de 104.	
Oloron. . . . . . . }	1.	o. 253	1.	o. 405	1.	4. 212
Nay, etc., poids de table.						

TABLE XX. *Suite des Poids.*

L'inverse.

	Hectogr.		Onces.	Kil.	Livres.	Myr.	Quint.
Pau.							
Bayonne.							
Hasparren.	}	1.	3. 268000	1.	2. 042709	1.	0. 170000
S.t-Jean-de-Luz.							
Espelette.							
Mauléon.		1.	3. 816794	1.	2. 386635	1.	0. 198886
Labastide-Clairance.		1.	3. 875969	1.	2. 427184	1.	0. 202266
Tardets.		1.	3. 921569	1.	2. 450980	1.	0. 204248
Orthez.		1.	3. 952569	1.	2. 463054	1.	0. 205254
Garris.	}	1.	4. 000000	1.	2. 5.	1.	0. 208333
S.t-Palais.							
S.t-J.n-Pied-de-Port.		1.	4. 048583	1.	2. 525253	1.	0. 210438
Sauveterre.		1.	3. 952569	1.	2. 469136	1.	0. 205754

MONNAIES.

Le nouveau système monétaire offre un très-grand avantage, non seulement par la simplicité du calcul, mais en ce que toutes les pièces de monnaie peuvent en même tems servir de poids.

La pièce d'un franc pèse 5 grammes ou 5 deniers métriques; celle de deux francs 10 grammes.

Celle de cinq francs 25 grammes; que 4 pièces de 5 francs pèsent 100 grammes ou une once métrique.

Quarante des mêmes pièces, pèsent un kilogramme ou une livre métrique; et 400 des mêmes pièces pèsent un myriagramme ou dix livres métriques.

La pièce d'or est du poids d'un décagramme ou d'un gros métrique.

Les pièces de cuivre fournissent aussi des poids, qui, quoique moins exacts, peuvent néanmoins être utiles dans la pratique.

La pièce d'un décime pèse 2 décagrammes ou deux gros métriques; celle de 5 centimes pèse un décagramme ou un gros métrique.

Les monnaies ont été soumises, comme toutes les mesures, à la division décimale. Ainsi le franc a été divisé en dix parties que l'on a appelées *décimes*: donc chacun est à peu près l'équivalent de deux sous. Les valeurs supérieures au franc s'expriment en dixaines, centaines, etc., de francs; et les valeurs inférieures au centime, en dixièmes, centièmes, etc., de centime; mais comme il n'y a pas de pièce de monnaie au-dessous du centime, on ne tient compte des fractions de centime que pour la régularité et l'exactitude des calculs; après quoi on les supprime toujours, comme on néglige les fractions de denier, la plus petite espèce de la livre tournois.

Le franc, la nouvelle unité monétaire, diffère de 123 dix-millièmes de la livre tournois, et par conséquent il faut 81 livres tournois pour 80 francs.

TABLE XXI.

MONNAIES.

CONVERSION des monnaies anciennes en francs, centimes et centièmes de centime.

Den.rs	Cent.	Liv.	Fr. Cent.	Liv.	Fr. Cent.
1	00.41	1	0.98.77	1000	987.65.43
2	00.82	2	1.97.54	2000	1975.30.86
3	01.23	3	2.90.30	3000	2962.96.30
4	01.65	4	3.95.06	4000	3950.61.73
5	02.06	5	4.93.83	5000	4938.27.16
6	02.47	6	5.92.59	6000	5225.92.59
7	02.88	7	6.91.36	7000	6913.58.02
8	03.29	8	7.90.12	8000	7901.23.46
9	03.70	9	8.88.89	9000	8888.88.89
10	04.12				
11	04.53				
Sous	**Cent.**				
1	04.94	10	9.87.65	10000	9876.54.32
2	09.88	20	19.75.31	20000	19753.08.64
3	14.81	30	29.62.96	30000	29629.62.96
4	19.75	40	39.50.62	40000	39506.17.28
5	24.69	50	49.38.27	50000	49382.71.60
6	29.63	60	59.25.93	60000	59259.25.93
7	34.57	70	69.13.58	70000	69135.80.25
8	39.51	80	79.01.23	80000	79012.34.57
9	44.44	90	88.88.89	90000	88888.88.89
10	49.38	100	98.76.54	100000	998765.43.21
11	54.32	200	197.53.09	200000	197530.86.42
12	59.26	300	296.29.63	300000	296296.29.63
13	64.20	400	395.06.17	400000	395061.72.84
14	69.14	500	493.82.72	500000	493827.16.05
15	74.07	600	592.59.26	600000	592592.59.26
16	79.01	700	691.35.80	700000	691348.02.47
17	83.95	800	790.12.35	800000	790123.45.68
18	88.89	900	888.88.89	900000	888888.88.89
19	93.83				

Nota. Le titre des monnaies d'or et d'argent est de neuf parties de métal pur et une d'alliage.

EXPLICATION ET USAGE DES TABLES.

Le but qu'on se propose dans ces tables est de réduire à des simples additions, ou au moins à des opérations sur les nombres incomplexes, tous les calculs relatifs à la transformation des anciennes mesures en nouvelles, ou des nouvelles en anciennes. Elles serviront aussi à déterminer le prix des nouvelles mesures, d'après le prix connu des anciens.

On n'a compris dans ces tables que les mesures les plus généralement usitées dans les cantons du pays Basque.

TABLE I.ere

MESURES DE LONGUEUR.

Cette table sert a réduire les aunes, les cannes des différents cantons, ainsi que les toises, pieds, pouces et lignes ou mètres et parties décimales du mètre, ou réciproquement.

Nous n'avons mis dans les tables que la valeur des unités simples d'aune, de toise, ou de mètre, depuis un jusqu'à neuf, puisque de la valeur des unités, on conclut, par un simple déplacement de la virgule ou point décimal, la valeur des dixaines, centaines, etc. ; savoir, celles des dixaines ; en avançant la virgule d'un rang vers la droite ; celle des centaines, en l'avançant de deux rangs, et ainsi des autres.

	mètres.
Ainsi, de ce que 8 aunes de Pau valent......	9.2832
ou on conclut que 8 dixaines d'aunes ou 80 aunes valent	92.832
que 8 centaines d'aunes, ou 800 aunes valent.....	928.32

De même de ce que 6 toises valent........	11.69422
ou on conclut que 6 dixaines de toises ou 60 toises v. .	116.9422
que 6 centaines de toises ou 600 toises valent....	1169.422

On voit que, par une simple addition, on peut changer tout nombre d'aunes, de toises, proposé en mètres ; savoir : en prenant séparément les valeurs des unités, des dixaines, des centaines, etc., du nombre proposé, et ajoutant toutes ces valeurs.

Le même mode de réduction a été employé constamment dans les autres tables et les autres genres de mesures.

EXEMPLE PREMIER.

Combien 458 aunes (mesure de Tardets et de Mauléon) font-elles de mètres? Puisque (table 1.re) 1 aune vaut 1. 1924^m, 4 valent 4. 7696, et par conséquent 400 aunes valent 476. 96^m; 5 aunes valent 5. 9620, et les 50 valent 59. 62^m; et enfin 8 aunes valent 9. 54^m. Voici donc le calcul :

$$
\begin{array}{lr}
400 \text{ aunes valent}\ldots\ldots\ldots\ldots & 476.^m\ 96 \\
50 \text{ aunes valent}\ldots\ldots\ldots\ldots & 59.\ \ 62 \\
8 \text{ aunes valent}\ldots\ldots\ldots\ldots & 9.\ \ 54 \\
\hline
\end{array}
$$

Donc 458 aunes valent................ 546.^{m} 12, ou 546 mètres et 12 centimètres.

EXEMPLE II.

Combien valent en mètres 15 toises $^1/_2$, mesure du département? Opérons comme dans l'exemple précédent ; voici le calcul :

$$
\begin{array}{lr}
10 \text{ toises valent}\ldots\ldots\ldots\ldots & 19.\ 4964 \\
5 \text{ toises valent}\ldots\ldots\ldots\ldots & 9.\ 7452 \\
^1/_2 \text{ d'une toise vaut un mètre}\ldots\ldots & 0.\ 9745 \\
\hline
\end{array}
$$

Donc 15 toises $^1/_2$ valent................ 30. 2101 ou 30 mètres et 21 centimètres, en négligeant les chiffres suivants, qui expriment une fraction extrêmement petite.

On obtiendra le même résultat, en multipliant 1.^{m} 94904 valeur de la toise, par 15 et $^1/_2$.

TABLE II.

SUITE DES MESURES DE LONGUEUR.

Exemple premier.

Combien valent en mètres 48 cannes?

    40 cannes valent. 74. 264
     8 cannes valent. 14. 853

L'opération faite on aura pour résultat. .   89. 117
ou 89 mètres et 12 centimètres.

Les fractions s'opèrent comme dans l'exemple précédent.

Pour convertir les nouvelles mesures de longueur en cannes
et ses parties, en toises, pieds, pouces et lignes, on emploie
le même procédé que dans les règles précédentes; soit par
exemple 75 mètres et 25 centimètres à convertir en cannes et
ses parties; voici le calcul :

                                          Cannes.
    60 mètres valent. 32.   292
    10 mètres valent. 05.   382
     5 mètres valent. 02.   691
    25 centimètres valent 00.   134

Le nombre cherché est. 40.   499
ou 40 cannes et demi.

TABLE II.

MESURES ITINÉRAIRES.

Les distances itinéraires se mesurent partout en myriamètres
ou lieues nouvelles, et en kilomètres ou mille ; et la loi n'en
tolère pas d'autres; le myriamètre a dix kilomètres ou mille
(513 toises), ce qui revient à un petit quart de lieue.

Le myriamètre est la 1000me partie du quart du méridien
ou la dixième partie d'un degré décimal. Cette mesure itinéraire

est donc en même-temps une commode pour la géographie et la navigation.

La table II sert à changer en myriamètres une distance exprimée en lieues d'une des deux espèces désignées. Par exemple, si on veut savoir combien 156 lieues de 25 au degré font de myriamètres, on dira :

100 lieues font.. . . . . . . 44. 44 myriamètres ou lieues n.

50. . . . . 22. 22

6. . . . . 02. 66

Total. 69. 32

Ainsi, 156 des dites lieues font 69 myriamètres et 32 centièmes, ou 693 kilomètres et deux dixièmes.

TABLE III.

MESURES DE SURFACE.

Cette table sert à convertir les perches et arpens avec les fractions, en mètres carrés, ares, hectares et parties décimales, et réciproquement.

Exemple premier.

Combien valent en ares 47 arpens 126 perches $^3/_4$, mesure de Soule?

Nota. La lieue marine de 20 au degré, vaut en myriamètres o. 5556 dix-millièmes.

Ares.

40 arpens valent. 896. 00

7 *id.* valent. 156. 80

$^1/_4$ d'arpent vaut. 005. 60

20 perches valent. 001. 12

6 perches. 000. 33

$^3/_4$ de perche. 000. 04

Somme. 1059. 89

Le tout vaut donc 1059 ares et 89 mètres carrés, ou bien 10 hectares, 59 ares et 89 centiares.

Exemple II.

Combien valent en ares 17 arpens 35 perches et demie, mesure d'Ostabares?

	Ares.
10 arpens valent............	253. 50
7 valent....................	177. 45
30 perches valent..........	007. 61
5 perches valent...........	001. 27
½ d'une perche.............	000. 12
Somme........	439. 95

On répond que les 17 arpens 35 ½ perches, mesure d'Ostabares, valent en mesures nouvelles 439 ares et 95 mètres carrés, ou bien 4 hectares 39 ares, et 95 centiares.

Exemple III.

Combien 54 hectares font-ils d'arpens (mesure de Bayonne)?

	Arpens.
50 hectares valent...........	119. 39
4 hectares valent............	009. 55
Total............	128. 94

on a pour résultat 128 arpens et 94 centièmes.

On opérera d'une manière analogue pour toutes les mesures agraires des autres cantons.

TABLE XV.

MESURES POUR LE BOIS DE CHAUFFAGE ET DE CHARPENTE.

La solive est de trois pieds cubes et répond à très-peu près au dixième de mètre cube ou décistère, qui est la nouvelle solive. On emploie en général le mètre cube ou stère comme unité pour les grands volumes ou pour les grands approvisionnemens; mais on pourra aussi pour se rapprocher de l'ancien usage, évaluer les quantités plus petites en décistères ou solives nouvelles.

EXEMPLE.

Une quantité de bois de charpente est évaluée à 645 solives ; on demande de la réduire en nouvelles mesures ; nous dirons :

```
600 solives font. . . . . . . . . .  61. 699 mètres cubes.
 40. . . . . . . . . . . . . . . . . .   4. 113
  5. . . . . . . . . . . . . . . . . .   0. 514
                                        ─────────
        Somme. . . . . . . . .  66. 326
```

Le résultat est 66 mètres cubes, et 326 millièmes.

S'il y avait des fractions jointes aux entiers, on réduirait les sous-divisions en décimales ; après quoi on les additionnerait comme les autres nombres. (Voyez l'explication des tables pour les longueurs.)

La table XV sert aussi à changer en stères les quantités de bois de chauffage, exprimées dans l'ancienne mesure en cordes : le stère est équivalent au mètre cube ; il repond à peu-près au quart de la corde ou à la demi-voie.

EXEMPLE.

Combien 863 cordes de bois font-elles de stères ?

```
        Calcul.            Stères.
800. . . . . . . . . . . . .  3071. 2
 60. . . . . . . . . . . . .   230. 7
  4. . . . . . . . . . . . .    15. 3
                              ─────────
        Réponse. . . . . .   3317. 2
```

TABLE XVI.

Cette table sert à comparer les toises carrées, pieds carrés, etc., aux mesures carrées qui leur correspondent dans le nouveau système métrique.

E X E M P L E.

Une surface a été évaluée 284 toises carrées, combien contient-elle de mètres carrés?

    200 toises. . . . .   759. 748 mètres cubes.
     80. . . . .   303. 899
      4. . . . .   15. 194
              Somme. 1078. 841

La surface proposée vaut 1078 mètres carrés et 841 millièmes.

TABLE XVII.

MESURES DE SOLIDITÉ.

Cette table est formée dans le même objet que la table des surfaces; il suffira d'en donner un exemple.

E X E M P L E.

Réduire 1457. 34 pieds cubes en mesure décimales analogues.

En voici le calcul :

    1000 pieds cubes font. . . . . . .   34277. 3 décimètres cubes.
     400. . . . .   13710. 9
      50. . . . .   1713. 8
       7. . . . .   239. 9
       3 dixièmes. 10. 3
       4 centièmes. 01. 4
              Somme. 49953. 6

Ainsi, 1457. 34 pieds cubes valent 49953 décimètres cubes, et 6 dixièmes, ou bien 49 mètres cubes, et 953 millièmes; presque 50 mètres cubes, puisque le décimètre cube est la 1000me partie du mètre cube, et la décimale vaut ici 953 millièmes.

Le décimètre cube étant la contenance du litre; autant il y

a de décimètres cubes dans un solide ou dans un vase, autant il contient de litres ou de nouvelles pintes.

Pour réduire les toises cubes en mètres cubes, et réciproquement, on se conduira comme dans l'exemple précédent.

TABLE XVIII.

MESURE DE CAPACITÉ POUR LES GRAINS ET MATIÈRES SÈCHES.

Cette table étant construite comme les précédentes, il suffit quelques exemples pour en comprendre l'usage.

EXEMPLE PREMIER.

Combien 23 ¹/₂ quarterons (mesure de Tardets et de Mauléon) font-ils de décalitres?

D. L.
Multipliez 1. 5405 (qui est la valeur du quarteron de Tardets) par 23 ¹/₂ ; séparez quatre décimales au produit, et vous trouverez que 23 ¹/₂ quarterons valent 36 décalitres et 20 centièmes, ou 36 décalitres et 2 dixièmes.

Voici l'opération :

$$
\begin{array}{r}
1.5405 \\
23 \ ^1/_2 \\
\hline
4\,6215 \\
30\,810 \\
7702 \\
\hline
36.2017
\end{array}
$$

EXEMPLE II.

Combien 25 ¹/₄ conques (de Hasparren) valent-elles de décalitres?

On se conduira comme dans l'exemple précédent :
et on trouvera que 25 conques et quart valent 82
décalitres et 81 centièmes, ou 8 dixièmes.

Décal.
3.2795
25 ¼

163975
65590
8198
—————
82.8073

EXEMPLE III.

Faisons l'inverse : cherchons combien 82 décalitres et 0.8073 valent de conques de Hasparren.

Il faut pour cela diviser 82.8073.... par 3.2795, qui est le nombre qui exprime combien la conque en question vaut de 00 8198 décalitres : on trouve au quotient 25 et $^{8198}/_{32795}$ ou 25 conques et un quart.

$$82.8073 \left\{ \frac{3.2795}{25\ ^{8198}/_{32795}} \right.$$

17 2173

On suivra les mêmes principes pour résoudre toute autre question de même nature.

TABLE XIX.

MESURES DE CAPACITÉ POUR LES LIQUIDES, EN USAGE DANS LE PAYS BASQUE.

EXEMPLE PREMIER.

Combien 48 barriques ¾ (mesure de Saint-Jean-Pied-de-Port) font-elles d'hectolitres ?

La barrique de Saint-Jean-Pied-de-Port vaut 3.168

Multipliez donc 3.168 par 48 3 quarts ; séparez
trois décimales au produit, et vous aurez pour résultat demandé 154 hectolitres, et 4 dixièmes.

H. L.
H L.
3.168
48 ¾
—————
25344
12672
2376
—————
154.440

Exemple II.

On veut exprimer en litres 145 pintes et demie (mesure de Garris).

La pinte de Garris vaut 1.582 (table XII): opérez comme dans l'exemple précédent; vous trouvez 230 litres 181 millièmes, ou bien 2 hectolitres 3 décalitres, 0 litre et deux dixièmes de litre.

$$
\begin{array}{r}
1.582 \\
145\ ^{1}/_{2} \\
\hline
7\,910 \\
63\,28 \\
158\,2 \\
\hline
79^{1} \\
\hline
230.181
\end{array}
$$

Ces deux exemples suffisent pour voir comment il faut se conduire pour résoudre toute autre question analogue.

Exemple III.

Si l'on veut savoir, au contraire, combien 135 hecto, 8450 dix millièmes font de barriques de Mauléon.

Il faut diviser 135.8450 hectolitres par 3.2096, qui est la valeur de la barrique de Mauléon en hectolitres: on trouve 42 barriques et $^{10418}/_{32096}$; et, cette fraction, réduite à sa plus simple expression, vaut à peu-près un tiers.

Voici la règle:

$$
\begin{array}{l}
135.8450 \,\big(\, 3.2096 \\
007\ 4610 \,\big(\, 42\ ^{10418}/_{32096} \\
1\ 0418
\end{array}
$$

On suivra la même règle dans tous les autres cas semblables.

TABLE XX.

POIDS EN USAGE DANS LE PAYS BASQUE.

Cette table sert pour réduire les poids anciens en kilogrammes et parties décimales, et réciproquement.

Exemple premier.

Combien valent 6 quintaux 80 livres et 12 onces (poids de Saint-Palais)?

Voici le calcul :

	M. G.
6 quintaux valent (table XX).	28. 80
80 livres valent.	03. 20
12 onces valent.	00. 03

	M. G.
Total.	32. 03

Ou bien 320 kilogrammes, et 3 hectogrammes, ou onces métriques.

Exemple II.

On veut exprimer en nouveaux poids 50 livres 4 onces et deux tiers (poids de Bayonne).

La livre (de Bayonne) vaut o. 4895 ; 50 valent. 24. 4750
L'once vaut o.^{kg} 306 (table XX) ; donc 4 onces val. 00. 1224
Les deux tiers de l'once valent. 00. 0104

Somme. 24. 6078

Ainsi, 50 livres 4 onces et deux tiers, font 24 kilogrammes, et 6 hectogrammes, en négligeant les trois chiffres à droite.

Exemple III.

On veut savoir combien il y a de livres (poids de Labastide-Clairance) dans 96.^{kg} 580. Ici c'est une opération contraire ; il faut diviser 96.^{kg} 580 par o.^{kg} 412 qui exprime, (Table XX) la valeur de la livre (de Labastide-Clairance) en kilogramme : on a au quotient 236.348 de livre.

Opération.

$$
\begin{array}{l|l}
96.580 & 0.412 \\
14\ 18 & \overline{236.348} \\
2\ 820 & \\
348 &
\end{array}
$$

On peut évaluer ces décimales de livre en once en multipliant par
16, qui exprime combien il faut d'onces pour composer la livre.

On trouve (voyez l'opération) 5 onces 568 millièmes, en
évaluant ces décimales de l'once; on trouve 4 gros et 544 millièmes; et enfin, en évaluant les décimales du gros, on trouve
39 grains 168 millièmes.

ÉVALUATION DES DÉCIMALES.

Livre.
0.348
16

2 088
3 48

5.568
Onces.
5.568

Onces.
0.568
8

4.544
Gros.
4.544

Gros.
0.544
72

1 088
38 08

Grains.
39.168

Pour trouver le poids d'un volume donné de fer, de cuivre,
de bois, etc.....

Calculez le poids d'un égal volume d'eau, et multipliez-ce poids
par le nombre indiqué, auprès de la substance dont il s'agit.

L'or...	19. 01	Grès...	2. 42	Craie.....	2. 25	Chêne......	1. 07
Argent.	10. 70	Marbre.	2. 72	Sucre.....	1. 61	Orme......	0. 67
Plomb.	11. 35	Pierre à		Sel marin..	1. 92	Poirier.....	0. 66
Cuivre.	8. 86	plâtre.	2. 21	Huile.....	0. 91	Cérisier....	0. 72
Fer....	7. 70	Pierre à		Lard, suif,		Vin.......	0. 99
Étain..	7. 29	bâtir..	2. 08	beurre...	0. 95	Eau-de-vie.	0. 86
Acier..	7. 67						

EXEMPLE.

On demande ce que pèse le mètre cube de marbre?

Comme le mètre cube contient 1000 décimètres cubes, dont

chacun pèse 1 kilogramme, quand il s'agit d'un volume d'eau, le poids total est de 1000 kilogrammes. Je multiplie ce nombre par 2. 72 que je trouve indiqué dans la table ci-contre, et j'ai pour le poids du mètre cube de marbre 2720 kilogrammes.

Voici l'opération : 2.72 × 1000 = 2720.00 kilogrammes.

EXEMPLE.

Quel est le poids d'un pain de sucre, dont on a trouvé que le volume est 6.254 décimètres cubes ? Multipliez ce nombre par 1.61 ; vous trouverez 10.06 kilogrammes ou 10 kilogrammes et 6 centièmes.

Calcul.

6.254
1.61
————
6254
37524
6254
10.06894

TABLE XXI.

Cette table sert pour trouver la valeur, en nouvelles monnaies, de toute somme donnée en livres, sous et deniers.

L'unité principale des monnaies s'appelle *franc*. Il se divise en 10 *décimes*, et le décime en 10 *centimes*. Le franc a donc 100 centimes. Le franc vaut 1 livre 0 sous 3 deniers ; de sorte que 80 francs font sans aucune différence 81 livres tournois, et qu'un franc vaut $^{81}/_{80}$ de livre, 1^{lt} 0125.

Nota. Lorsque le nom des entiers est placé après les décimales, le point décimal sépare les entiers d'avec les décimales.

EXEMPLE.

On veut trouver, en nouvelles monnaies, la valeur de 15.845 livres 12 sous 9 deniers.

Voici le calcul :

10000^{lb} valent........	9876.	54.	32 centièmes.
5000...............	4938.	27.	16
800................	790.	12.	35
40................	39.	5o.	62
5...............	4.	93.	83
12^s............		59.	26
9^d........		o3.	70
Total............	15.65o.	o1.	24

La valeur cherchée est donc 15. 65o francs o1 centimes et une fraction qu'on peut négliger, attendu qu'on ne tient pas compte des fractions des centimes.

On parviendra au même résultat par une seule division : après avoir réduit 12 sous 9 deniers en décimales de la livre, on divise 15. 845 livres 6375 par 1. 0125, qui est la valeur de la fraction $^{81}/_{80}$, réduites en décimales.

DIVISION.

```
15.845^lb 6375 | 1.0125
05 720   6     | 15.650^f 01^c
 o 658  13
   o5o  637
   oo   012500
      ( 2375 )
```

Pour faire l'opération inverse, c'est-à-dire, pour convertir les francs, décimes et centimes en livres, sous et deniers, il suffit d'ajouter au nombre donné sa 8o^{me} partie : ce qui peut se faire commodément en l'augmentant de 1 $^1/_4$ pour (cent).

Ainsi, le nombre donné étant........	15.65o.o1
$^1/_{100}$^{me}.................	156.5o
son $^1/_4$.....................	39.12
Total.........	15.845.63

La somme est de 15. 845 livres 63 centimes : ces décimales évaluées en sous et deniers, y compris la fraction négligée, donnent 12 sous 9 deniers.

Une multiplication de décimales suffirait pour produire le même résultat.

Multipliez le nombre proposé de francs et de centimes par 1. 0125 (valeur de la fraction $^{81}/_{80}$ réduites en décimales), et vous aurez au produit 15. 845 livres 63 centimes.

Il est inutile de multiplier davantage les exemples : on se conduira de la même manière dans toutes les autres questions semblables.

APPLICATION DE L'ARITHMÉTIQUE.

Le quintal marc est de 100 livres marcs.

ADDITION.

Additionnez..... 34 quintaux 70 livres marcs.
Item. .... 38......... 54
Item. .... 40......... 62
Item. .... 17......... 08

Total. ..... 130 quintaux 94 livres marcs.

Le quintal métrique est de 100 kilogrammes ou livres métriques, équivalant à 204 livres.

Additionnez..... 41 quintaux 64 kilogrammes.
avec { .... 35......... 51
{ .... 29......... 45
{ .... 15......... 14

Somme. .... 121 quintaux 74 kilogrammes.

Le quintal (poids de table) de Pau, de Nay, d'Oloron, etc., est de 104 livres, ou $^4/_4$; le quart de 26^{lt} ; la livre de 16 onces.

Il équivaut au quintal de 100 livres de Mauléon et de Tardets : *Voyez les livres dans la table XX* (1).

Additionnez. . . . . 42 quintaux ¼. 20 livres.

plus { . . . . 34. . . . . ²/4. 18

{ . . . . 26. . . . . . . ¾. 15

{ . . . . 24. . . . . . . ¼. 12

Total. . . . . . . 128. . . . . . . ¼. 13 livres.

1 Toise vaut 6 pieds 1 pied, 12 pouces, 1 pouce 12 lignes.

Additionnez. . . . . 42^{toises} 4^{pieds} 8^{pouces} 4^{lignes}.

plus { 34   5   4   11

{ 23   3   10   08

{ 14   2   08   07

Total. . . . . . . 115^{toises} 4^{pieds} 08^{pouces} 06^{lignes}.

SOUSTRACTION.

Un contrat de la prescription trentenaire, date du 15 novembre 1802, on demande si la prescription en est acquise le 1er septembre 1832 ?

Opération.

Année. . . . . 1831 $+$ 8 mois.

Année. . . . . 1801 $+$ 10 mois 15 jours.

Nombres d'années. . . . . , 29 $+$ 09 mois 15 jours.

Prescription. . . . . 30 ans.

On répond qu'il manque. . . . 00 ans 2 mois 15 jours.

Preuve. . . . . 30 ans 0 mois 0 jours.

Nota. Après vingt-huit ans de la date du dernier titre, le débiteur d'une rente peut être contraint à fournir à ses frais un titre nouveau à son créancier ou à ses ayant-cause. C. C.

---

(1) Quoique dans la table **XX** les quintaux soient de 120 livres, on peut faire commodément des quintaux de 100 livres, en élevant la livre au nombre de cent; et pour trouver la valeur en kilogrammes, on porte le point décimal de deux chiffres vers la droite.

Autre Exemple.

Louis XIV, né le 5 septembre 1638, mourut le 1ᵉʳ septembre 1715, combien de tems vécut-il ; et combien de tems y-a-t-il depuis sa mort jusqu'à ce jour, 1ᵉʳ septembre 1832 ?

Date à sa mort. . . . . 1714 ans 8ᵐ 1ʲ
Date à sa naissance. 1637 8ᵐ 5ʲ

Son âge. . . . . 76 ans 11ᵐ 26ʲ

On répond qu'il vécut 76 ans 11 mois 26 jours, et en opérant de la même manière, on trouvera qu'il y a 117 ans depuis sa mort jusqu'au 1ᵉʳ septembre 1832.

De même que les additions, ces règles portent avec elles l'explication que nous pourrions faire ; puisqu'il ne s'agit que de retrancher de la dernière date le nombre d'années, mois et jours qui composent la première, pour trouver le nombre cherché.

Exemple.

Soit proposé de retrancher 48 grammes de 5 kilogrammes ; on observera que 5 kilogrammes sont la même chose que 5000 grammes, ce qui donnera 48 à retrancher de 5000.

$$
\begin{array}{r}
5000 \\
48 \\
\hline
4952
\end{array}
$$

MULTIPLICATION.

Exemple premier.

Combien valent 25 quintaux métriques de laine à 110 francs le quintal ?

A. . . . . 110 francs.
25 quintaux.

$$
\begin{array}{r}
550 \\
2\ 20 \\
\hline
\end{array}
$$

Réponse. 2.750

12

Exemple II.

Combien coûteront 14 quintaux ¹/₄ 13 livres de laine (poids de table d'Oloron), à raison de 94 livres tournois le quintal ?

A....... 94 livres.

14 ¹/₄ 13^d

376

94

23^{tt} 10^s

11^{tt} 15^s

Réponse. ... 1.351^{tt} 05^s

Exemple III.

Combien valent 19 arpens ¹/₄ et 25 perches (mesure de Soule), à 750 livres 10 sous l'arpent ?

A..... 750^f 10^s

19$^{arp.}$ ¹/₄ 25$^{perch.}$

6750^{tt}

7509 10^s

187 12^s 6^d

46 18^s 1^d ¹/₂

14.494^{tt} 00^s 7^d ¹/₂

On répond que les 19 arpens ¹/₄ et 25 perches valent 14.494 francs 0 sous 7 deniers ¹/₂.

On aura le même résultat en prenant le ¹/₄ du produit des perches multipliées par la valeur de l'arpent ; mais les deux derniers chiffres seront des décimales.

Exemple IV.

L'arpent valant à Espelette 580 francs, combien vaut l'hectare ?

L'hectare est plus grand que l'arpent ; il faut donc multiplier 580 francs, prix de l'arpent, par 3.0944, qui exprime combien vaut l'hectare ou arpent d'Espelette (table XI). On trouve que l'hectare vaut 1704 francs 75 centimes : évaluant ces décimales de livre, l'hectare vaut 1704 francs 15 sous 0 deniers.

Opération.

$$
\begin{array}{r}
3.\ 0944 \\
580 \\
\hline
157\ 5520 \\
1547\ 20 \\
\hline
1704^{lt}\ 7520 \\
0^{lt}\ 7520 \\
20^{s} \\
\hline
15^{s}0400 \\
12^{d} \\
\hline
0800 \\
0^{d}400 \\
\hline
4800
\end{array}
$$

On conclut de-là, sans avoir besoin de faire un nouveau calcul, que l'are, qui est cent fois plus petite, vaut $17^{f}\ 047520$; et l'on peut évaluer ces décimales de livre, comme on le voit ci-dessus.

S'il y avait des sous et deniers dans le prix de l'arpent, il faudrait les réduire en décimales de la livre, et alors la question se traite comme dans l'exemple précédent.

DIVISION.

EXEMPLE PREMIER.

Si l'aune de Bayonne vaut 28 livres 7 sous 6 deniers, combien vaut le mètre de la même étoffe ?

Le mètre est plus petit que l'aune ; il faut donc diviser le prix de l'aune 28 livres 7 sous 6 deniers, et les sous et deniers réduits en décimales, par 1. 2164, qui exprime la valeur de l'aune (de Bayonne) en mètres (table 1re), en se rappelant comment se fait la division des décimales.

Opération.

$$\begin{array}{l} 28.3750 \\ 4\,0470 \\ 39780 \\ 32880 \\ (8552) \end{array} \bigg\vert \begin{array}{l} 1.2164 \\ \overline{2\,3^{l}\,32^{c}} \end{array}$$

L'opération faite, nous aurons pour quotient 23. 32, et il y aura un reste que nous négligeons. On répond donc que le mètre vaut 23 livres 32 centièmes; ou ces centièmes réduits en sous et deniers, on aura 23 livres 6 sous 4 deniers.

Exemple II.

Si la mesure de froment vaut à Pau 4 livres 16 sous, combien vaut le décalitre?

Il faut réduire 16 sous en décimales de la livre et l'on a 4^{lt} 80 : et puisque la mesure de Pau est plus grande que le décalitre, il faut diviser 4^{lt} 80, prix de la mesure, par 2. 0980, qui exprime la valeur de cette mesure en décalitres (table XVIII), en se rappelant de compléter le nombre de décimales.

Opération.

$$\begin{array}{l} 4^{lt}\,8000 \\ \,204000 \\ (15180) \end{array} \bigg\vert \begin{array}{l} 2.0980 \\ \overline{2^{lt}\,09} \end{array}$$

$$\begin{array}{r} 0^{lt}\,09 \\ 20^{s} \\ \hline 1^{s}\,80 \\ 12 \\ \hline 1\,60 \\ 8\,0 \\ \hline 9^{d}60 \end{array}$$

On répond que le décalitre vaut 2 livres 09 centièmes, ou

ces centièmes évalués en décimales, comme ci-dessus, 2 livres
1 sou 9 deniers.

EXEMPLE III.

La barrique de vin valant à Saint-Jean-Pied-de-Port 105 livres, combien vaut l'hectolitre?

La barrique de Saint-Jean-Pied-de-Port vaut (table **XIX**) en
hectolitres 3. 168000 : il faut donc diviser le prix de la barrique, suivi de 6 zéros pour compléter les décimales par 3. 168000.

Opération.

$$
\begin{array}{l|l}
105.00000.0 & 3.\,168000 \\
\ \ 9\,96000\ 0 & \overline{33^{tt}\ 14} \\
\ \ \ \ 456000\ 0 & \\
\ \ \ \ 139200\ 00 & \\
\ \ (\ 12480\ 00\ ) &
\end{array}
$$

L'hectolitre vaut dans cette hypothèse, 34 livres 14 ou 33 livres,
2 sous 9 deniers et une fraction de denier, en évaluant les décimales, comme nous l'avons fait dans les exemples précédents.

EXEMPLE IV.

Si le mètre vaut 29 livres 12 sous ou 29. 6, combien vaut
l'aune de Labastide-Clairance?

Cette question est l'inverse de l'exemple Ier. Multipliez 29 livres 6 (prix du mètre) par 1. 1944, qui exprime combien
l'aune de Labastide-Clairance vaut de mètres.

Opération.

$$
\begin{array}{r}
2\,9^{tt}\ 6 \\
1.1944 \\
\hline
1184 \\
1\,184 \\
26\,64 \\
29\,6 \\
29\,6 \\
\hline
35^{tt}\ 35424
\end{array}
$$

L'opération faite, vous aurez pour prix de l'aune 35 livres 35424, ou 35 livres 7 sous 10 deniers.

Exemple V.

Un négociant de Tardets reçoit une caisse de savon du poids net de 65 kilogrammes; on demande combien il y a de livres de Tardets?

Pour faire cette règle, il faut diviser 65 kilogrammes suivis de trois zéros, pour représenter les décimales, par 0. 408 qui exprime la valeur de la livre en kilogrammes (table XX).

Opération.

$$65000 \left\lgroup \begin{array}{l} 0.408 \\ \hline 159 \text{ liv. } 31 \end{array} \right.$$

$$
\begin{array}{r}
2420 \\
3800 \\
1280 \\
560 \\
(152)
\end{array}
$$

L'opération faite, on a pour quotient 159 livres 31 centièmes, ou, en évaluant ces décimales, 159 livres 5 onces environ.

On peut obtenir le même résultat par une simple multiplication; en multipliant 2. 450980, qui exprime la valeur du kilogramme, en livres de Tardets (l'inverse, table XX).

Voici l'opération:

$$
\begin{array}{r}
2.450980 \text{ kilogrammes.} \\
65 \\
\hline
12\,254900 \\
147\,05880 \\
\hline
159.313700
\end{array}
$$

Question résolue par la multiplication.

On expédie pour l'intérieur 135 quintaux de laine, le quintal étant de 100 livres, poids de Tardets, combien valent-ils de kilogrammes ou quintaux métriques?

Pour faire cette règle, il faut multiplier 40. 800, qui exprime la valeur du quintal en kilogrammes, par 135, et on a pour résultat 5508. 000 kilogrammes, ou 55 quintaux métriques et 8 kilogrammes.

Autre question résolue par la division : on demande, si 35 quintaux ont coûté 1837 livres 10 sous, combien vaut la livre?

Pour faire cette règle, il faut diviser le total de la valeur des quintaux, par 35 quintaux, réduits en livres, et on aura au quotient pour le prix de la livre 10 sous $^{1}/_{2}$ ou 6 deniers.

E X E M P L E.

$$1837^{lt} \; 10^{s} \text{ réduits en sous} = 36750 \; \big| \; \underline{3500}$$
$$1750 \; \big| \; 10^{s} \, {}^{1}/_{2}$$

Si l'on demandait : la livre valant 10 sous 6 deniers, combien vaut le kilogramme de la même laine? Puisque le kilogramme vaut plus que le double de la livre, il est évident que le prix du kilogramme sera aussi plus que le double. Ainsi, après avoir opéré comme dans les règles précédentes, on aura pour résultat, ou pour la valeur du kilogramme 1 franc 4 sous 7 deniers.

Il est inutile de multiplier davantage les exemples, puisqu'on doit se conduire de la même manière dans toutes les autres questions semblables.

DE LA RÈGLE DE PROPORTION.

Il y a deux règles de proportion, l'une géométrique et l'autre arithmétique ; c'est de la première qu'on se sert en général pour résoudre tous les problèmes et questions arithmétiques, et même géométriques : c'est la clef du calcul ou de l'aide-mémoire ; elle est appelée aussi règle de trois, règle de compagnie, etc. Nous en fairons l'application dans différents exemples.

Pour gagner 10 pour %, à combien faudrait-il vendre ce qui a coûté 8 livres 50 ?

Ici, il faut faire une règle de proportion, et dire : si le nombre 100 est à 110, combien seront 8 livres 50 ?

$$100 : 110 :: 8 \text{ livres } 50 : x = 9 \text{ livres } 35.$$

$$\begin{array}{r} 850 \\ \hline 5500 \\ 880 \\ \hline 93500 \\ 00000 \end{array} \left\{ \begin{array}{l} 100 \\ \hline 9^{tt}\ 35 \end{array} \right.$$

Après avoir opéré, comme on le voit ci-dessus, on répond : pour gagner 10 pour %, il faudrait vendre 9 livres 35, ce qui aurait coûté 8 livres 50.

Ayant vendu 15 livres 51 ce qui avait coûté 14 livres 10 ; combien pour % a-t-on gagné ?

Pour répondre à cette question et à toutes les semblables, il faut faire préalablement une soustraction pour trouver le bénéfice, et former ensuite une règle de proportion ; le quatrième terme sera le nombre cherché.

EXEMPLE.

$$\begin{array}{r} 15.\ 51 \\ 14.\ 10 \\ \hline 01.\ 41 \end{array}$$

$$1410 : 141 :: 100 : x = 10$$

$$\begin{array}{r} 100 \\ \hline 14100 \end{array} \left\{ \begin{array}{l} 1410 \\ \hline 10 \text{ pour cent.} \end{array} \right.$$

Ayant vendu 13 livres 68, ce qui avait coûté 14 livres 40, combien pour cent a-t-on perdu ?

$$\begin{array}{r} 14.\ 40 \\ 13.\ 68 \\ \hline 00^{tt}\ 72 \end{array}$$

$$14.\ 40 : 72 :: 100 : x = 5$$

$$\begin{array}{r} 100 \\ \hline 7200 \end{array} \left\{ \begin{array}{l} 1440 \\ \hline 5 \text{ pour cent.} \end{array} \right.$$

LA BAISSE.

Ce qui était à 84. 50 est à présent à 75. 75, de combien pour cent est la baisse?

$$84. 50$$
$$75. 75$$
$$\overline{08^{tt} 75}$$

$$84. 50 : 8^{tt} 75 :: 100 : x = 10^{tt} 35$$

$$100$$
$$8\ 7500 \quad \Big\{\ 8450$$
$$30000 \quad \Big\{\ 10^{tt}\ 35\ \text{la baisse.}$$
$$\overline{46500}$$
$$(4250)$$

Après avoir opéré, comme on le voit, on répond que la baisse proportionnelle est de 10 livres 35 par cent.

LA HAUSSE.

Ce qui était à 90. 25 est à présent à 98. 60, de combien pour cent est la hausse?

Opération.

$$98. 60$$
$$90. 25$$
$$\overline{8. 35}$$

$$90. 25 : 8. 35 :: 100\ x = 9. 25$$

$$100$$
$$83560 \quad \Big\{\ 9025$$
$$2275 \quad \Big\{\ 9^{tt}\ 25\ \text{la hausse.}$$
$$\overline{47000}$$
$$(1875)$$

6 aunes de drap ayant coûté 168 francs, on demande combien coûteront à proportion 45 aunes de drap de même prix?

13

Dans cette question, il s'agit de trouver le quatrième terme d'une proportion, dont trois sont connus, savoir 6 aunes, leur prix 168 francs et 45 aunes. La valeur proportionnelle de 45 aunes qui est 1260 francs, est donc ce quatrième terme.

Opération.

$$6 : 45 :: 168^{ft} : x = 1260^{ft}$$

$$168$$
$$45$$
$$\overline{840}$$
$$672$$
$$\overline{7560} \;|\; 6$$
$$15 \;|\; \overline{1260^{ft}}$$
$$36$$
$$0$$

La preuve de la règle de proportion se fait en plusieurs manières; mais celle qui est la plus commode est l'opération inverse.

EXEMPLE.

45 aunes de drap ayant coûté 1260 francs, combien coûteront à proportion 6 aunes de drap du même prix?

Opération.

$$45 : 6 :: 1260 : x = 168$$

$$6$$
$$\overline{7560} \;|\; 45$$
$$36 \;|\; \overline{168}$$
$$36$$
$$000$$

RÈGLE D'INTÉRÊT.

A 5 pour cent l'an, on demande combien serait l'intérêt de 362^{ft} 50^c du 18 décembre 1828 au 10 septembre 1832.

EXEMPLE

$$1831 \text{ ans} \quad 8 \text{ mois} \quad 10 \text{ jours.}$$
$$1827 \qquad 9 \qquad 18$$
$$\overline{03 \text{ ans} \quad 10 \text{ mois} \quad 22 \text{ jours.}}$$

(30)

$$1 \text{ an} : 3 \text{ ans } 10 \text{ mois } 22 \text{ jours} :: 18^{fr}12^c : x =$$

$$100 : 362.50 :: 5 : x =$$

$$\begin{array}{c|c}
1812\,50 & 100 \\
812 & \overline{18^{fr}12^c} \\
12\,5 & \\
2\,50 & \\
\end{array}$$

(50)

$$\cdots\cdots 3 \text{ ans } 10 \text{ mois } 22 \text{ jours.}$$
$$\overline{54\ 36}$$

Pour   6 mois ¹/₂. . . . . 9 .06
Pour   2   ¹/₆. 3 02
Pour   1   ¹/₁₂. 1 51
Pour 15 jours ¹/₂. . . . . 75 ¹/₂
Pour   0   ¹/₅. . . . . 30 ¹/₅
Pour   1   ¹/₃₀. . . . . 5 ¹/₃₀

Réponse. . . . . 69^{fr}05 ²²/₃₀

AUTRE EXEMPLE.

A 6 pour cent l'an, on demande l'intérêt de 520 francs du 1ᵉʳ octobre 1829 au 1ᵉʳ septembre 1832.

Ce problème, comme le précédent, se résout par la règle de proportion, après avoir trouvé par la soustraction le nombre d'années, mois et jours pendant lesquels l'intérêt a couru.

Opération.

```
1831 ans  8 mois        100 : 520ᵗᵗ : : 6 : x =
1828      9
────────────────
2 ans 11 mois           3120 │ 100
                         120 │ 31ᵗᵗ
                        (20)
```

$$1 \text{ an} : 2 \text{ ans } 11 \text{ mois} : : 31 : x =$$

```
                        2 ans 11 mois.
                        ─────────────
                        62ᵗᵗ
```

Pour 6 mois ½ 15ˢ
Pour 3   ¼   7   15ˢ
Pour 2   ⅙   5   03ˢ 4ᵈ
──────────────────────────────
Réponse. . . . . . . 90ᵗᵗ . 08ˢ . 4ᵈ

Quand l'intérêt est à 5, 6, 9, 10, 12 pour cent l'an, à combien revient l'intérêt par mois, et à quel denier revient-il?

5 pour 100 l'an revient au denier 20 et par mois $\frac{5}{12}$.
6 pour 100 l'an revient à ½ par mois et au denier 16 $\frac{2}{3}$.
9 pour 100 l'an revient à $\frac{3}{4}$ par mois et au denier 11 $\frac{1}{9}$.
10 pour 100 l'an revient à $\frac{5}{6}$ par mois et au denier 10.
12 pour 100 l'an revient à 1 par mois et au denier 8 $\frac{1}{3}$.

EXEMPLE.

Au denier 8 $\frac{1}{3}$, combien serait l'intérêt de 850 francs 40 centimes du 1ᵉʳ août 1830 au 15 septembre 1832,

Opération.

```
      8 ⅓        850 40ᶜ         2 ans 1 mois 15 jours : x =
  360            7 65            360
 ────           ──────         ────
 2880           4252 00         720
  120           51024 0          45
 ────           ───────        ────
 3.000          59528 0         765
                ─────────
                650556 00
```

Réponse. . . . 216ᵗᵗ 84ᶜ

Pour faire la règle d'escompte en dehors, on suit à peu près la même méthode que pour la règle d'intérêt; c'est pourquoi nous ne parlerons que de la règle d'escompte en dedans.

Exemple.

On voudrait escompter à 1 pour cent, ce 10 novembre, 2400^{ᵗᵉ}, montant d'un achat du 30 août à 6 mois, combien faudrait-il payer en argent pour solder l'achat?

L'achat écherrait le 30 février (3 mois 20 jours).

Opération.

$$100 : 2400 :: 1 : x = 24 \text{ fr.} \quad 1 \text{ mois} : 3^m 20^j :: 24 : x =$$

```
                I                                           3ᵐ 20ʲ
          ________
          2400 ⎰ 100                                          72
               ⎱  24                          ⅔....           16
          L'achat. . . . . . . . . . .  2400 fr.             88 fr.
          Escompte. . . . . . . . .      88
          Somme à payer. . . .  2312 fr.
```

Autre.

On voudrait escompter à ¾ pour cent par mois, ce 18 octobre, 2034 francs, achat du 12 août à 4 mois, combien faudrait-il payer en argent, ou en lettres payables le 18 octobre? L'achat écherrait le 12 décembre (1 mois 24 jours).

Opération.

$$100 : 2034 :: {}^3/_4 : x = 1 \text{ mois} : 1^m 24^j :: 1525 : x =$$

```
                1017                                           I
             ________
                508ᵗ 50                                      1525
             ________
             1525. 50 ⎰ 100                                   762
                525   ⎱ 15ᵗ 25                                305
                 25 5                                         152
                 55 0                                       ______
                (5 0)              2034 fr.                  27.44
                                     27. 44
            Réponse. . . . 2006ᵗᵉ 56ᶜ
```

Les règles d'escompte peuvent être beaucoup plus compliquées que les règles précédentes, lorsque le paiement doit se faire par des lettres tirées à dix, vingt jours de vue et à usances, et, enfin, quand un paiement s'effectue par des remises; mais les opérations se font toujours par la règle de proportion.

DE LA RÈGLE DE SOCIÉTÉ.

La règle de société ou de compagnie est une opération composée de règles de trois, elle sert à partager proportionnellement le profit ou la perte qui peut avoir résulté pendant l'association qu'ont faite entr'eux, les négociants et les marchands. Les associés fournissent leurs sommes, ou à même tems, ou à divers tems, ou à diverses reprises ; et dans toutes ces règles de compagnie, l'on fait autant de règles de trois ou de proportions, qu'il y a des associés dans la compagnie. Nous supposons ici, comme pour les règles précédentes, qu'on sache la règle de proportion ; c'est pourquoi on n'entrera point dans les explications.

EXEMPLE.

Trois marchands ayant négocié pendant un an, ont gagné 66660 francs, l'on demande combien chaque particulier doit avoir sur cette somme, à proportion de la somme qu'il a fournie.

Le 1er a mis. . . . . 6000^f
Le 2me a mis. . . . . 7000^f } 66660 francs.
Le 3me a mis. . . . . 9000^f
                                 ____
                                 22000^f

22000 : 6000 : : 66660 : x = 18180 fr.
22000 : 7000 : : 66660 : x = 21210 fr.
22000 : 9000 : : 66660 : x = 27270 fr.

Dans cette règle de trois après avoir multiplié le profit par la mise et divisé le produit par le total des mises, le quotient vous donnera la part du gain qui doit venir à chacun des associés.

Preuve de cette règle.

L'on fait la preuve de la règle de société, en assemblant les trois quotients et si leur assemblage est égal aux 66660 francs qu'on a gagnés, l'opération a été bien faite.

Le 1er doit avoir. . . . . 18180 fr.
Le 2me. . . . . 21210 fr.
Le 3me. . . . . 27270 fr.
Total. . . . . 66660 fr.

AUTRE A DIVERSES REPRISES.

Trois négociants ont fait société, le premier a mis 500 francs pendant 8 mois, à la fin desquels il met 500 francs.

Le second a mis 800 francs pour 6 mois, à la fin desquels il prend 300 francs.

Le troisième a mis 1200 francs pour 7 mois, à la fin desquels il met 800 francs de plus : l'on demande quel sera le profit de chaque particulier sur une somme de 6000 francs qu'ils ont gagnée pendant une année, à proportion du tems que leur argent a été dans la société.

Pour faire cette règle, réduisez toutes les sommes fournies à un même tems, en multipliant par les mois les unités qui auront augmentées ou diminuées pendant le tems que les associés les ont laissées en société.

On opérera de la même manière pour les trois associés, excepté à l'égard du second qu'il faut soustraire la somme qu'il retire à la fin de six mois, sur celle qu'il avait mise au commencement de la société.

DISPOSITION DE LA RÈGLE.

Le 1er a mis. 500 francs pendant 8 mois, qui font. . 4000
il met. . . . 500 francs.

qui font. . . . 1000 francs pendant 4 mois, qui font. . 4000

Mise totale du 1er. . . 8000

Le 2me a mis. 800 francs pendant 6 mois, qui font. . 4800
il en ôte . . . 300 francs. . . .

et il reste. . . 500 francs pendant 6 mois, qui font. . 3000

Mise totale du 2me. . . 7800

Le 3me a mis 1200 francs pendant 7 mois, qui font. . 8400
il met. . . . 800 francs.

qui font. . . 2000 francs pendant 5 mois, qui font. . 10000

Mise totale du 3me. . . 18400

D'après cette disposition, on voit que la règle de compagnie composée se réduit à une règle de compagnie simple.

Opération.

$$34200 : 6000 :: 8000 : x = 1403^{tt}\ 50\ ^{300}/_{34}$$
$$34200 : 6000 :: 7800 : x = 1368\ 42\ ^{36}/_{34}$$
$$34200 : 6000 :: 18400 : x = 3228\ 07\ ^{6}/_{34}$$

Preuve. . . . 34200 . . . . 6000^{tt} 00

PROBLÈME EXTRAIT DU DIGESTE.

Il est dit dans le Digeste, *lib.* 28. *T.* 2. *P.* 13, qu'un homme faisant son testament y fit insérer que si sa femme accouchait d'un fils, ce fils aurait les $^2/_3$ de 3600 livres et la mère l'autre tiers : si elle accouchait d'une fille, la mère aurait les $^2/_3$ de cette somme et la fille l'autre tiers : il arriva que la mère accoucha d'un fils et d'une fille ; l'on demande comment on doit distribuer cette somme pour suivre l'intention du testateur ?

Dans de semblables règles, il faut d'abord considérer la proportion qu'il y a entre la portion du moindre légataire avec celle des autres; on voit ici que la fille doit avoir un tiers, la mère deux tiers, et le fils quatre tiers; c'est-à-dire que la mère aura une fois autant que la fille, et que le fils aura une fois autant que la mère; ainsi pour la portion de la fille on peut prendre commodément l'unité, pour celle de la mère 2 unités, et pour celle du fils 4 unités : assemblons ces trois chiffres, nous y aurons 7; par 7 nous divisons 3600 livres pour avoir au quotient 514 livres 5 sous 8 deniers 4/7. Multiplions cette somme par 1, qui représente la portion de la fille, par 2 qui représente celle de la mère; par 4 qui représente celle du fils, et nous aurons dans les trois produits, ce qui revient à chacun sur cette somme; ces trois portions assemblées feront la preuve de la règle, si elles rapportent 3600 livres; et la volonté du testateur sera faite.

Opération.

1re portion pour la fille 1/3 ou 1

2me portion pour la mère 2/3 ou 2

3me portion pour le fils 4/3 ou 4

Diviseur 7

Par 7 divisons . . . . 3600 livres.

Par { 1 / 2 / 4 }   514 liv. 5 sous 8 deniers 4/7

Portion de la fille . . . 514 liv. 5 sous 8 deniers 4/7
Portion de la mère . . . 1028 liv. 11 sous 5 deniers 1/7
Portion du fils . . . . . . 2057 liv. 02 sous 10 deniers 1/7

Preuve . . . . 3600 liv. 00 sous 00 deniers.

DIVERS PROBLÊMES.

Une quantité de bois est évaluée à 3450 bûches (mesure de Tardets); on demande combien elle vaut en stères?

Instruction.

La vente des bois se fait par 100 bûches, et par demi-cent; or les 100 bûches valent en mètres cubes ou stères 0. 878800, représentant donc le cent par l'unité. Pour convertir le nombre de bûches en nouvelle mesure, il suffit de multiplier par les unités la valeur du cent en stères, qui est 0 stère 878800 millionièmes. Dans cet exemple, multipliez 0. 878800 par 34 $\frac{1}{2}$, nombre des unités, et vous aurez pour la valeur de 3450 bûches 30 stères 318600 millionièmes ou $\frac{1}{3}$.

Opération.

```
  0.878800
       34 ½
───────────
  3 515200
 26 36400
    439400
───────────
 30.318600
```

EXEMPLE.

Les 100 bûches valent 3 fr. 50 centimes, combien vaut le stère?

Le stère est plus grand que l'unité composée de 100 bûches, il faut donc multiplier 3 francs 50 centimes, prix de 100 bûches, par 1. 1379, qui exprime combien vaut le stère en 100 bûches (mesure de Tardets) : on trouve que le stère ou mètre cube vaut 3. 982650, ou 3 francs 98 centimes.

Opération.

```
   1.13 79
     3.50
───────────
   16 89.50
  3 41 37
───────────
   3.98 26 50
```

EXEMPLE.

Un mur a 2 mètres 6 de hauteur, 8 décimètres d'épaisseur et 220 mètres 5 de longueur : on demande combien il contient de mètres cubes de pierre? Nous multiplions ces trois nombres, écrivant o mètre 8 au lieu de 8 décimètres, et nous avons 2 mètres 6 ; multipliés par o mètre 8, font 2 mètres carrés, 2.08 ; multipliés par 220 mètres 5, font 458. 640 mètres cubes.

Opération.

2^m 6 de hauteur.
    o   8 d'épaisseur.

    2 08 carrés.
  22 o   5 de longueur.

   1 76 40
  441 o o

   458.6 40^m cubes.

Nous avons donc 458 mètres cubes et 640 décimètres cubes. La terre, le sable, le plâtre, qui peuvent entrer dans la construction du mur sont compris dans cette évaluation.

Probléme. Jauger un tonneau.

Prenez les surfaces du cercle de la base, et deux fois le cercle de la bonde ; ajoutez ces deux nombres, et multipliez la somme par le tiers de la longueur du tonneau. Toutes ces mesures doivent être prises à la partie intérieure : sans cela, l'épaisseur du bois serait comprise dans le volume.

Exemple.

Un tonneau a 707 millimètres de profondeur à la bonde, 628 à la base : sa longueur est de 825 millimètres. Quelle est sa capacité ? Les rayons sont 353 et 314.

314 fois 314 multiplié par 3 $^1/_7$... 309873. 14
353 fois 353 multiplié par 3 $^1/_7$... 392738. 50
                                        392738. 50

Somme en négligeant les fractions, 1095350 millimèt. carrés.

Nous multiplions cette somme par 275, qui est le tiers de la longueur, et nous avons 301221250 millimètres cubes. Comme 1.000.000 de ces millimètres font un litre, la capacité est de 301 litres, ou de trois hectolitres.

Dimensions internes des mesures de capacité et des nouvelles futailles.

POUR LES GRAINS ET MATIÈRES SÈCHES.		POUR LES LIQUIDES:			
NOMS DES MESURES.	Hauteur et diamètre de la base. Millimètres.	NOMS DES MESURES.	Hauteur, ou longueur Millimètres.	Diamètre du bouge. Millimètres.	Diamètre du fond. Millimètres.
Double hectolitre	633. 8	Demi-hectolitre	454	389	345
Hectolitre	503. 1	Hectolitre	572	490	435
Demi-hectolitre	399. 3	Double hectolitre	720	618	548
Double Décalitre	294. 2	Demi-kilolitre	978	838	745
Décalitre	233. 5	Kilolitre	1232	1056	938
Demi-décalitre	185. 3	Double litre	216. 7	108. 4 (Diamètres.)	
Double litre	136. 6	Litre	172. 0	86. 8	
Litre	108. 4	Demi-litre	136. 6	68. 3	
Demi-litre	86. 0	Double décilitre	100. 6	50. 3	
Double décilitre	63. 4	Décilitre	79. 9	39. 9	
Décilitre	50. 3	Demi-décilitre	63. 4	31. 7	

TABLE DES MATIÈRES.

Des mesures de longueur, etc., etc. . . . . page 4

Du calcul décimal, etc., etc. 6

Des mesures itinéraires et linéaires. 20

De l'application de l'arithmétique aux mesures de super-
ficie. 22

Des mesures agraires. 25

Des mesures de solidité et instruments de mesurage. 51

Des mesures de contenance ou de capacité pour les grains
et autres matières sèches. 56

Des mesures pour les liquides, et de leurs formes. 59

Des poids et de leurs formes. 61

Monnaies. 65

De l'explication des tables. 67

De l'application de l'arithmétique. 81

FIN.

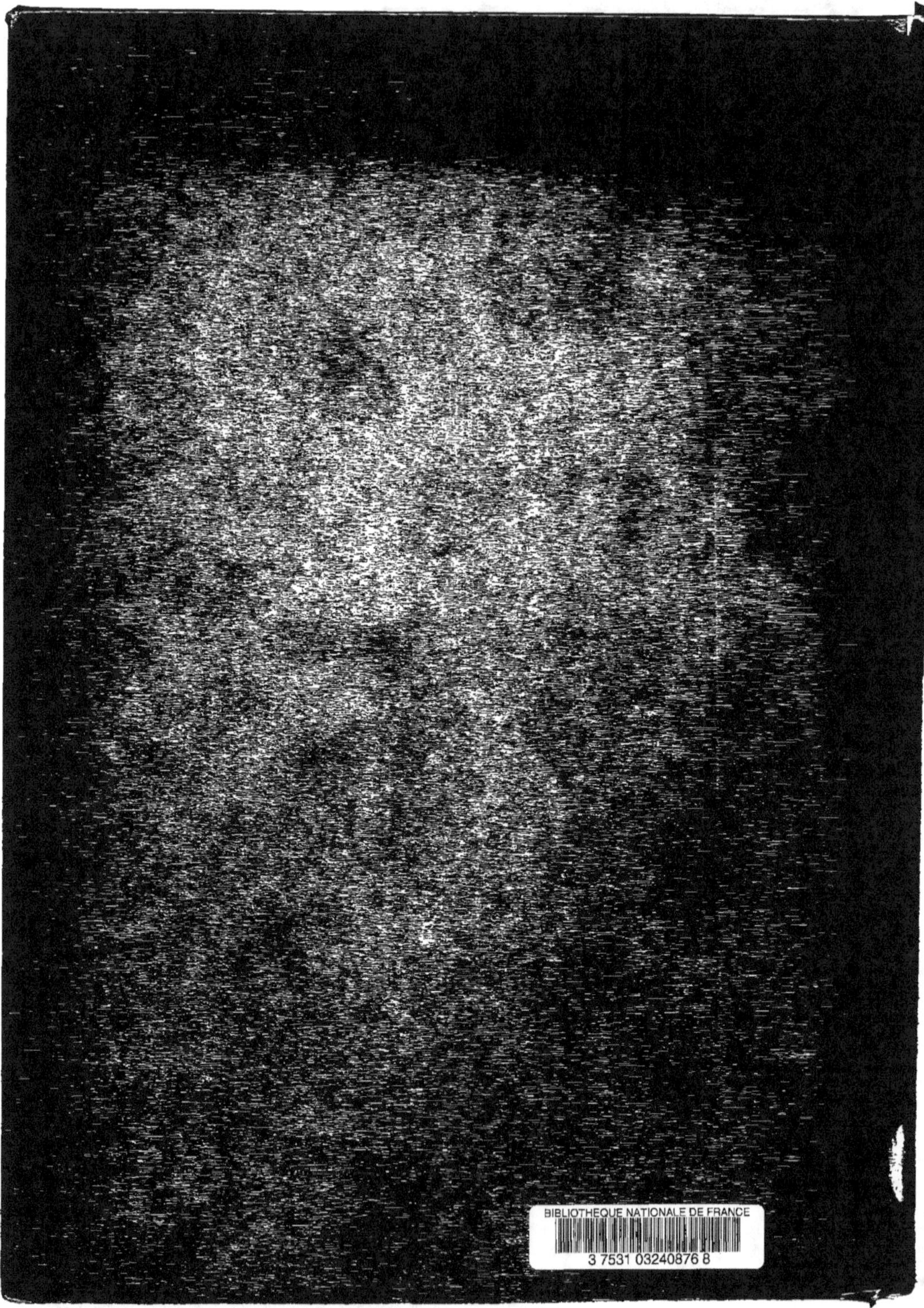